1 Ibmer Moor
2 Weidmoos
3 Wenger Moor
4 Schönramer Filz
5 Ainringer Moos
6 Fuschlseemoor
7 Blinklingmoos
8 Wasenmoos
OBERÖSTERREICH
BAYERN
Salzburg
Hallein
St. Johann i.P.
Zell am See
STEIERMARK
SALZBURG
Tamsweg
KÄRNTEN

Kurt W. Leininger

Moore

Impressum

Bibliografische Information der Deutschen Nationalbibliothek
Die Deutsche Nationalbibliothek verzeichnet diese Publikation
in der Deutschen Nationalbibliografie; detaillierte bibliografische
Daten sind im Internet über http://dnb.d-nb.de abrufbar.

5020 Salzburg, Bergstraße 12

Lektorat: Anja Zachhuber
Grafik und Produktion: Nadine Kaschnig-Löbel
Fotos: Archiv Forstverwaltung Mittersill: S. 142, 143; Archiv Moorbad St. Felix: S. 163;
Archiv Torf-Glas-Ziegel-Museum Bürmoos: S. 78; BirdLife Österreich/Michael Dvorak: S. 50;
Kurhaus, J. Aufleger: S. 66; Paracelsusbad, Ch. Wöckinger: S. 67; Tatjana Rasbortschan: S. 18 u.,
35, 128 unten, 129; Sonnenmoor: S. 156, 159; Gerhard Thiel: S. 106, 108, 120, 121; Torferneuerungs-
verein Bürmoos: S. 97; alle anderen: Kurt W. Leininger
Florale Grafiken: mit freundlicher Genehmigung von shutterstock.com
Druck: PBtisk a.s., Pribram
gedruckt in der EU

ISBN 978-3-7025-0984-2

www.pustet.at

Kurt W. Leininger

Moore

Naturparadiese im Dreiländereck
Oberösterreich | Salzburg | Bayern

VERLAG ANTON PUSTET

Inhalt

Vorwort

Im Dreiländereck Oberösterreich, Salzburg und Bayern gibt es eine vom Tourismus beinahe unberührte Region, die – 2000 Hektar groß – als eine der spannendsten in den Voralpen, als Geheimtipp und Erholungsparadies gilt. Das gerade noch zu Oberösterreich gehörende Ibmer Moor mit dem angrenzenden Salzburger Weidmoos und Bürmoos sowie die im benachbarten Bayern liegenden Schönramer Filz und Ainringer Moor entstanden am Ende der letzten Eiszeit vor 12000 Jahren nach dem Abschmelzen der letzten Salzachgletscher. Darüber hinaus werden in diesem Buch aber auch noch weitere besuchenswerte Moorlandschaften im Bundesland Salzburg vorgestellt und die außergewöhnliche, hochspezialisierte Tier- und Pflanzenwelt in den Fokus gerückt.

Gesunde Moore sind ein wichtiger Bestandteil unseres weltweiten Ökosystems und tragen enorm viel zum Klimaschutz bei. Sie bedecken zwar nur drei Prozent der Erdoberfläche, speichern aber 30 Prozent des erdgebundenen Kohlenstoffs und schaffen damit doppelt so viel wie alle Wälder der Erde zusammen. Werden Moore aber durch Entwässerung durchlüftet und oder durch Torfabbau zerstört, setzen sie enorme klimawirksame Gase frei. Der Schutz intakter Moore und die Wiederbelebung ihrer ursprünglichen Form sind also allein aus Klimaschutzgründen unerlässlich.

Aber auch schaurige Geschichten über Moorleichen, Dämonen und lange Zeit rätselhaft scheinende Irrlichter finden sich in diesem Buch. So manche Schlacht im Moor ist in die Geschichte eingegangen, wobei die Ortskenntnisse nicht selten entscheidend über Sieg oder Niederlage waren. Als Beispiel sei hier die sogenannte Varusschlacht genannt, auch bekannt als Schlacht im Teutoburger Wald, bei der germanische Truppen die vorrückenden Römer in einen Sumpf nahe Osnabrück gelockt haben. Oder auch die Schlacht im Culloden Moor, bei der die Schotten ihre Unabhängigkeit gegenüber England verloren haben.

Moore sind voller Geschichte und Geschichten. Wer die idyllischen Natur- und Vogelschutzgebiete auf den gut erschlossenen Wegen gemütlich und achtsam durchwandert, dem wird die besondere Kraft dieser Orte schnell offenbar. Die wunderbaren Eindrücke der Natur lassen uns im Nu den Alltagsstress vergessen. Kommen Sie mit ins Moor!

Ihr Kurt Wolfgang Leininger

Wie die Moore entstanden sind

Das Voralpengebiet von Bayern, Salzburg und Oberösterreich ist von besonders vielen Moorlandschaften durchzogen. Die Gletscher bereiteten vor etwa 25 000 Jahren in der sogenannten Würmeiszeit die Grundlagen zur Entstehung unserer Moore vor. Bis zu 400 Meter hoch waren einst die Eismassen, die das vorhandene Gelände regelrecht abhobelten und nach ihrem Abschmelzen eine wellenförmige Landschaftsstruktur hinterließen. Im Laufe ihrer jahrtausendelangen Existenz schoben die Gletscher große Mengen an Geröll vor sich her, das dann nach oben hin mit bindendem Material abgedichtet wurde. Das war die Grundlage dafür, dass sich nach dem Rückzug der Gletscher an vielen Stellen Schmelzwasserseen bilden konnten, von denen Reste noch heute erhalten sind. Beispiele sind etwa der Wallersee und die Trumerseen auf der Salzburger Seite und der Wagingersee in Bayern. Besonders charakteristische Moorseen sind in Oberösterreich der Seeleitensee, der Heratingersee, der Holzöster- und der Höllerersee. Ausbreitung und Rückzug der Gletscher verliefen nicht gleichmäßig, sondern waren vielmehr erheblichen Schwankungen unterworfen. Rasches Wachstum war mitunter von kleineren Rückzugsperioden unterbrochen. Bereits vor dem letzten mächtigen Gletschervorstoß haben sich innerhalb der Moränen Eisseen gebildet, die feinen weißen Kalkschlamm ablagerten. Dieser Schlamm wurde beispielsweise in Bürmoos als Basis für die Ziegelproduktion verwendet. Beim letzten Eisvorstoß wurden bereits früher abgelagerte Moränenwälle gestaucht und verschoben. Die Moränen stauten das abfließende Schmelzwasser, und es kam zur Bildung großer Wasserflächen. Diese Seen trockneten aber teilweise noch während der Eiszeit aus. Zurück blieben wasserundurchlässige Tone, auf denen sich Moorpflanzen (Moose) ansiedeln konnten. Die Bildung der Moore konnte nun beginnen. Die Entwicklung bis zum heutigen Stand sollte etwa 12 000 Jahre dauern. Für die nahezu komplette Zerstörung dieses speziellen Lebensraumes hat der Mensch aber nicht einmal 150 Jahre benötigt!

Weltweit sind Moore aus unterschiedlicher Entstehung anzutreffen, insbesondere in Nord-und Südamerika, Nordeuropa und in Nord-und Südasien. In diesen Regionen bildeten sich Moore aller Art und Torflagerstätten von insgesamt 4 Millionen km^2. Etwa drei Prozent der gesamten Landfläche der Erde sind somit Moore. Trotz ihrer geringen Fläche binden diese Moore 30 Prozent der CO_2-Belastung und sind somit unverzichtbar für das Gleichgewicht der Erdatmosphäre. Großen Anteil an Mooren haben Teile Alaskas, Kanadas und Russlands. Während es in Deutschland größere Moore vor allem im Nordwesten,

Nordosten und im Alpenvorland gibt, kommen in Österreich die bedeutendsten Moorflächen im nördlichen Alpenvorland und im Bodenseegebiet vor.

Damit Moore entstehen können, müssen wichtige Voraussetzungen gegeben sein: Es muss sich um eine niederschlagsreiche Region handeln, in der eine hohe Luftfeuchtigkeit vorherrscht. Dazu kommt eine wasserstauende Schicht, die das Versickern von Wasser verhindert, und die Produktion an Pflanzensubstanz muss größer sein als deren Zersetzung. Auch darf das Gebiet nicht überdurchschnittlich beschattet sein. Hochmoore sind während der Moorentwicklung über den Grundwasserstand der Niedermoore emporgewachsen und haben sich in Gebieten mit überdurchschnittlichen Niederschlägen direkt auf dem mineralischen Untergrund entwickelt. Sie haben den Kontakt zum Grundwasser oder Mineralboden verloren und werden ausschließlich vom Niederschlag (ombrogen) ernährt. Aufgrund der Torfbildung wachsen sie stetig in die Höhe, daher werden sie als Hochmoore bezeichnet.

Im Gegensatz zu Hochmooren bilden sich Niedermoore in Senken, Talböden, Mulden, oft auch an Hängen bei Quellaustritten. Niedermoore können aber auch verlandete Seeflächen sein, die kaum in die Höhe wachsen. Sie werden bis an ihre Oberfläche von unterschiedlich nährstoffreichem Grund-, Quell- oder Sickerwasser (topogen) durchspült. Die Vegetation der Niedermoore ist im Gegensatz zum Hochmoor artenreich und besteht hauptsächlich aus Schilfgräsern, Binsen, Sauergräsern und Moosen. Als Zwischen- oder Übergangsmoore werden die Entwicklungsphasen von Nieder- zu Hochmooren bezeichnet. Während mit dem Begriff „Übergangsmoor" mehr die Entwicklung vom Nieder- zum Hochmoor gemeint ist, beschreibt der Begriff „Zwischenmoor" eher die vegetationsökologische Zwischenstellung, also die Beziehungen innerhalb und zwischen Pflanzengesellschaften. Die Vegetation besteht in diesem Fall aus typischen Arten beider Moortypen und kann mosaikartig gemischt sein. In Mitteleuropa sind Moore seit Jahrzehnten Gegenstand intensiver Forschungen und deshalb bekannter als in anderen Regionen der Welt. Deshalb werden hier Nieder- und Übergangsmoore noch detaillierter nach hydrologischen und ökologischen Kriterien in verschiedene Moortypen eingeteilt als anderswo. Weitere Moortypen sind Quellmoore, Hangmoore, Versumpfungsmoore, Verlandungsmoore, Überflutungsmoore, Durchströmungsmoore und Kesselmoore.

Moore zu bewahren, ist das Gebot der Stunde.
Sie sind Ökosysteme auf höchstem Niveau.

Moor

Paradies aus zweiter Hand

Die oft intensive wirtschaftliche Nutzung der Moorflächen bis in die Anfänge der 2000er-Jahre hat die ursprüngliche Vegetation durch industriellen Torfabbau, Entwässerung oder Beweidung stark geschädigt. Sie alle wurden mit erheblichem Aufwand renaturiert und teilweise der Öffentlichkeit zugänglich gemacht. Diese Renaturierungsprojekte haben sogar länderübergreifende Moorpartnerschaften entstehen lassen. Andererseits hat die industrielle Verwertung der Moore zur wirtschaftlichen Entwicklung dieser Regionen maßgeblich beigetragen. Ohne Moor würde es die Orte Bürmoos oder Hackenbuch in ihrer heutigen Form

nicht geben. Waren die Moore einst nur den Bauern und Jägern vorbehalten, haben in den letzten Jahren viele Menschen diese Regionen für sich entdeckt. Dabei sind Moore auch für Kinder lehrreiche Plätze für Abenteuer. Gegenwärtig zählen diese Moore zu den beliebtesten Naherholungsgebieten nicht nur rund um den Ballungsraum der Stadt Salzburg.

Die heilende Wirkung der Moore ist schon sehr lange bekannt und die Anwendungen haben in den letzten Jahren eine starke Aufwärtsentwicklung erfahren. Wegen ihres vermehrten Vorkommens ist die Behandlung mit Moor in dieser Region sehr ausgereift und wird auch gerne angenommen. Nicht alleine deshalb wird Moor heute sogar als ergänzendes Lebensmittel und in der gehobenen Gastronomie verwendet. Diese Themenbereiche werden später in eigenen Kapiteln genauer vorgestellt.

Bürmoos und Hackenbuch entstehen

Moore als Voraussetzung für Ansiedelung

Der Alpennordrand zwischen Bayern und dem Innviertel war bis in das 18. Jahrhundert großflächig von Mooren geprägt, hauptsächlich Jäger und ein paar Abenteurer wagten sich hinein. Die Moorgebiete wurden landwirtschaftlich kaum genutzt und brachten daher auch nur lächerlichen Zehent in die Kassen der damaligen Machthaber. Um höhere landwirtschaftliche Erträge erzielen zu können, verordnete bereits im Jahr 1700 der Salzburger Fürsterzbischof Graf von Thun, dass „… alle Möser in den Gerichtsbezirken vor dem Gebirge beschrieben und urbar zu machen seien." Es dauerte allerdings beinahe 100 Jahre, bis seine Vorhaben umgesetzt wurden.

Im beginnenden 19. Jahrhundert setzte sich auch in Mitteleuropa die industrielle Revolution durch. Weltweit verlangte die Industrie nach Brennstoffen in riesigen Mengen. So auch in Salzburg. Da aber Holz aus den Gebirgsgauen wegen der exzessiven Salz- und Erzgewinnung im Spätmittelalter denkbar knapp geworden war, stellte Torf eine naheliegende Alternative dar – als ein Brennstoff, der in großen Mengen mehr oder weniger vor der Haustüre abgebaut werden konnte. Die Kultivierung des nahen Weidmooses leitete eine neue Epoche in der Region ein. Erste Versuche, Brenntorf in großen Mengen zu stechen und auf dem Wasserweg nach Wien zu bringen, scheiterten jedoch an den hohen Frachtkosten und den langen Transportwegen. Eine Verwertung vor Ort war naheliegend.

So entstand 1850 im Bürmooser Ortsteil Zehmemoos eine Ziegelei, die ihre Brennstoffe aus dem nahen Moor bezog. Der damalige Bürgermeister der Stadt Salzburg, Heinrich von Mertens, gründete 1866 in Biermoos, wie die Gegend damals genannt wurde, eine Teerfabrik, die aber bereits 1868 wieder in Konkurs ging. Lorenz Ritter von Stein erwarb die Fabrik aus der Konkursmasse sowie das Gut mit der Ziegelei und gründete 1871 die „Salzburger Torfmoorgesellschaft", die ihren Sitz in Wien hatte. Das Unternehmen begann 1873 mit der industriellen Herstellung von Glas, einem Industriezweig, der in Bürmoos bis 1929 Bestand hatte. Die geplante Produktion von Glas in Bürmoos war grundsätzlich eine logische Entscheidung, denn die Rohstoffe gab es vor Ort: Der Kalk kam vom nahen Haunsberg, Sand aus der Salzach und die Brennstoffe stammten aus den umliegenden Mooren. Um den Transport der gestochenen Torfwasen einfacher und schneller zu gestalten, wurde 1882 eine Industriebahn, die sogenannte Bockerlbahn, angelegt,

Bei der grazilen Birke ist die helle Borke besonders auffällig

die bis in das Weidmoos reichte. Sie wurde im Lauf der Jahre auf 14 Kilometer erweitert. Überreste der Gleisanlagen sind noch heute entlang des Moorlehrpfades im Weidmoos zu sehen. Der Torferneuerungsverein hat eine kleine Anlage der Bockerlbahn für Publikumsfahrten neu errichtet.

Nach den primitiven Anfängen hatte man versucht, die untaugliche Ausstattung der damaligen Glashütte, die nur aus einfachen Baracken bestand, durch eine richtige Glasfabrik zu ersetzen. Zu der neuen „Benedikthütte" kamen gemauerte Arbeiterlager, ein Wirtshaus und eine angeschlossene Landwirtschaft. Um dieses Areal entwickelte sich nach und nach eine dörfliche Infrastruktur. Erwähnenswert ist auch, dass sich die Arbeiter der damaligen Benedikthütte verpflichten mussten, ein Prozent ihres Lohns für die Errichtung und Erhaltung der Schule zur Verfügung zu stellen.

Die fulminante Entwicklung sprach sich rasch herum und so zog es viele Glasarbeiter ins Bürmoos. 1879 ging auch die „Salzburger Torfmoorgesellschaft" nach kurzen sechs Jahren in Konkurs. Viele der nun arbeitslosen Glasbläser und Torfstecher wanderten ab, die übrigen nahmen die Situation zum Anlass, sich im Ort politisch zu organisieren. Im Jahr 1881 ersteigerten der jüdische Unternehmer Alois Kupfer und sein Schwiegersohn Ignaz Glaser aus Prag die Glashütte aus der Konkursmasse. Bereits ein Jahr später wurde mit einem neuen, zweiten Ringofen die Glasproduktion wieder aufgenommen. Der Ausbau der Glasproduktion lockte vermehrt böhmische Glasarbeiter nach Bürmoos und schon 1885 konnte ein dritter Glasofen in Betrieb genommen werden. Mit der rasant ansteigenden Glasproduktion wuchs auch der Bedarf an Brennstoffen. Torf wurde nahezu im Akkord abgebaut und ebenso schnell verfeuert. Jedoch wurde damals das begehrte Brennmaterial noch schweißtreibend mit den Händen gestochen!

Zu Ende gehende Torfvorräte

Das Projekt der Glashütten in Bürmoos war stets von der Gefahr einer Verknappung des Brennstoffes Torf bedroht. Nasse Sommermonate beeinträchtigten den Heizwert des Torfes enorm. Die Energie für die Glasschmelze war jedoch Garant für das Bestehen der Glasfabrik. Dem Unternehmer Ignaz Glaser war klar, dass sich die Torfvorräte auf etwa 25 Jahre beschränken würden. Verschärft wurde die Situation noch dadurch, dass in den frühen 1890er-Jahren Torf in großem Umfang verkauft wurde. Um auch für die Zeit nach dem Torfabbau gerüstet zu sein, baute man 1896 eine Dampfziegelei, die bald erhebliche Gewinne einbrachte. Ignaz Glasers Betriebe florierten, sein Vermögen hat sich in den 18 Jahren seiner Laufbahn mehr als verzehnfacht. Ab 1891 setzte sich Ignaz Glaser übrigens finanziell für den Bau einer Synagoge in Salzburg ein, die nach unzähligen behördlichen Schwierigkeiten 1901 fertiggestellt wurde. Mit dem Ankauf von Gut Ibm im Jahr 1899 sicherte sich Glaser neue Torfflächen zur längerfristigen Absicherung des Energiebedarfs. In Hackenbuch, also unweit der neu erworbenen Torfflächen, entstand daher bereits ein Jahr später mit der Emmyhütte (nach Ignaz' Ehefrau Emma) ein weiteres Standbein seines Imperiums. Zusätzlich ließ Ignaz Glaser in der Nähe drei Arbeiterhäuser und ein Verwaltungsgebäude, in dem auch die Schule untergebracht war, errichten.

Weniger bekannt ist, dass Ignaz Glaser um 1900 begann, Hopfen auf dem Moorboden anzubauen. Was vorerst als Versuch gestartet wurde, war so erfolgreich, dass 1901 mit umfangreichen Auspflanzungen in Bürmoos und Ibm begonnen wurde. 1906 hatten die Hopfengärten bereits ein Ausmaß von 60 Hektar angenommen. Die Hopfenernte brachte wiederum Arbeit für die Region. Viele Erntehelfer wurden benötigt. Der Aufwand war jedoch enorm. Für einen Hopfenbetrieb von 6 Hektar waren mindestens 80 „Hopfenzupfer" für die Ernte notwendig. Die Kriegsjahre erschwerten eine gewinnbringende Ökonomie zusätzlich. Mit dem Tod von Ignaz Glaser im Mai 1916 endete der Hopfenanbau schließlich und große Teile der Moorflächen wurden verkauft. Das Grab von Ignaz Glaser befindet sich auf dem Jüdischen Friedhof Salzburg im Stadtteil Aigen.

Als sich die Torfvorräte dem Ende zuneigten und auch der Betrieb mit Torf wegen der starken Abhängigkeit von der Witterung die Produktion immer wieder gefährdete, kaufte Ignaz Glaser 1913 im nordböhmischen Brüx (Most) eine aufgelassene Zuckerfabrik und baute sie zur Glasfabrik um. Damit der Betrieb unabhängig von Witterungseinflüssen funktionierte, wurden die Öfen mit der dort im Tagebau gewonnenen Kohle befeuert.

Nachdem Ignaz Glaser 1916 verstarb, übernahm sein 1889 in Bürmoos geborener Sohn Hermann die Glasfabrik, die nach dem Ersten Weltkrieg nochmals ein kurzes wirtschaftliches Hoch erlebte. Da man aber den Umstieg auf maschinelle Flachglaserzeugung versäumt hatte, brach 1926 das Firmenimperium der Familie Glaser endgültig zusammen. Hermann Glaser wurde von den Nationalsozialisten vertrieben, ging nach Shanghai ins Exil und starb 1956 in Wien. Zwar wurde in Bürmoos noch bis Ende 1929 Flachglas von der Firma Stiassny erzeugt, die den Besitz gekauft hatte, dann wurde aber auch hier die Glaserzeugung endgültig eingestellt. 80 Prozent der Bürmooser Bevölkerung waren plötzlich arbeitslos.

In der Zeit der großen Wirtschaftskrise in den 1930er-Jahren, als die Glasproduktion längst beendet war, stellte wenigstens der Torfstich noch eine minimale Erwerbsquelle für die Bewohner von Bürmoos dar. In privaten oder gemeindeeigenen Torfstichen sowie in ausgewiesenen Gebieten, die damals noch im Besitz der Salzburger Landesregierung waren, durfte von der Bevölkerung Torf gestochen werden. Die Arbeitslosigkeit stieg weiter. In der Not wurde Torf nicht nur zum Eigenbedarf als Heizmaterial, sondern auch als Zahlungsmittel in der Greißlerei verwendet. Torffelder wurden kultiviert und in wenig ertragreiche Erdapfeläcker verwandelt.

In letzter Konsequenz wurde ein großer Teil der Bürmooser Bevölkerung zu Landwirten, sie züchteten Ziegen, Schweine, Hasen und Geflügel oder betrieben Bienenzucht, um ihre Familien zu ernähren. Ganze Familien zogen damals bettelnd durch die umliegenden Landgemeinden. Bürmoos galt weithin als das Armenhaus Salzburgs. Die aufgeheizte Stimmung der arbeitslosen Bürmooser hatte auch bald politische Folgen. 1934 wurden sowohl die sozialdemokratische, als auch die kommunistische Partei verboten, was zum Putsch der Nationalsozialisten in Lamprechtshausen mit mehreren Toten führte. Daraufhin wurde die Gemeinde Lamprechtshausen unter kommissarische Verwaltung gestellt. Bürmoos galt noch bis lange nach dem Krieg als wirtschaftliches Notstandsgebiet. Die zuständigen Gemeinden Lamprechtshausen und St. Georgen versuchten, der Wirtschaft des Ortsteils neue Impulse zu verleihen, indem sie sich bemühten, neue Betriebe nach Bürmoos zu bringen, was teilweise auch funktionierte. In der örtlichen Ziegelei wurde zwar rund um die Uhr produziert, die Arbeitslosigkeit konnte damit aber nur unwesentlich gelindert werden.

Der Aufschwung

Im Sommer 1945 gelang es dem Berliner Unternehmen W & H, das nach Kriegsende als deutsches Eigentum unter alliierte Treuhandschaft gestellt worden war, in Bürmoos mit der Produktion von Dentalinstrumenten und elektrischen Geräten zu beginnen. Erst nach und nach konnte das Wirtschaftsprogramm die prekäre Lage in Bürmoos verbessern.

1947 setzte die letzte, aber verhängnisvollste Ausbeutung der Moore um Bürmoos ein: Die Österreichische Stickstoffwerke AG Linz begann mit der industriellen Herstellung von Brenntorf und Torfmull, die ab Mitte der 1950er-Jahre auf die Produktion von Torfmull reduziert wurde. Wegen der danach einsetzenden, rasanten wirtschaftlichen Entwicklung wurde Bürmoos bald ein wichtiger

Anlaufort für zahlreiche Flüchtlinge aus Südosteuropa, von denen sich viele sogar auf Dauer im Ort niederließen. 1958 ging mit dem Ankauf des bisherigen Betriebsleiters Peter Malata das Dentalwerk W & H in private Hände über. Im gleichen Jahr wurde auch mit dem großflächigen Torfabbau mit riesigen Fräsen begonnen, der bis in das Jahr 2000 betrieben wurde. Nach dem Rückzug der Betreiber blieben enorme Flächen an wertlosem Ödland und einige Kilometer Schienenstrang der stillgelegten Bockerlbahn.

Die Siedlungsgebiete der heutigen Gemeinde Bürmoos waren noch geraume Zeit zwischen den Gemeinden St. Georgen und Lamprechtshausen aufgeteilt. Erst am 1. Juli 1967 wurde Bürmoos zu einer selbstständigen Gemeinde ernannt und ist damit die jüngste des Landes Salzburg. Die politische Situation der Gemeinde reflektiert die soziale Entwicklung von Bürmoos recht genau: Die Arbeiterschaft war seit Anbeginn der Sozialdemokratischen Partei verbunden und das hat sich auch bis heute nicht wesentlich geändert.

unten: Der Bürmooser See ist heute ein wertvolles Naherholungsgebiet
rechts: Die wiederbelebte Bockerlbahn bietet als altes Bürmooser Kulturgut Geschichte zum „Angreifen"

HALT
wenn ein
Zug kommt

Georg Rendl

Der noch jungen Geschichte von Bürmoos hat sich der Schriftsteller und Maler Georg Rendl (1903–1972) gewidmet. Er war das jüngste von vier Kindern eines Bahnbeamtenpaares aus Tirol. Der Vater kaufte in Bürmoos ein Grundstück, um dort eine Bienenfarm mit 160 Völkern zu errichten. Sohn Georg brach seine Schulausbildung vorzeitig ab und erlernte bei seinem Vater die Bienenzüchterei. Er verbrachte die folgenden Jahre in bitterer Armut und verdingte sich als einfacher Arbeiter im Ziegelwerk, beim Gleisbau und in einem Bergwerk. Zuletzt arbeitete er sogar er bis zur Schließung der Fabrik in Bürmoos als Glasbläser. Diese Zeit der Entbehrungen, des Hungerns und Frierens prägte nicht nur Rendls Persönlichkeit, sondern spiegelt sich auch in seinen Romanen und Gedichten wider.

Im Jahr 1951 wurden ihm der Professorentitel und die Ehrenbürgerschaft von St. Georgen verliehen. In den 1950er-Jahren war er als Schriftsteller erfolgreich, später wandte er sich verstärkt der Malerei zu.

Georg Rendl lebte jahrzehntelang mit seiner Frau in einem abgeschiedenen Haus in St. Georgen, das er als kleine Keusche vom St. Georgener Pfarrer gemietet und selbst umgebaut hatte. Das Verhältnis des Malers und Schriftstellers zu seiner bäuerlichen Umgebung wird als nicht einfach beschrieben. In St. Georgen und in Bürmoos gibt es einen Georg-Rendl-Weg und für kurze Zeit wurde von der Salzburger Arbeiterkammer sogar ein Georg-Rendl-Preis für Literatur der Arbeitswelt verliehen.

In dem Roman „Vor den Fenstern“ weist folgender Abschnitt auf die tristen Lebensumstände im damaligen Bürmoos hin:

Klaus Raab mochte durch das Fenster schauen, wie er wollte: die Kamine hinter dem Föhrenwalde hissten ihre Rauchfahnen nicht, sie langten erstorben in den grauen Nebelhimmel, verwittert und tot. Es war ihnen im heurigen Frühjahr der letzte Rauch entquollen; damals hatte eines Feierabends die Sirene zum letzten Male geheult, laut, als ob sie Unheil gekündet hätte, und von da ab war sie stumm geblieben, schweigsam bis zum heutigen Tage. Nun war es tief im Herbst. Die Ziegelfabrik hatte Klaus Raab und viele andere ausgespien. Durch 2 Jahre hindurch hatte er sich in der Ziegelei sein Brot verdient. Er hatte gelebt wie die übrigen Arbeiter: ohne zu große Not, immer mit einigen Groschen im Sack und selten mit hungrigem Magen. Aber nun war für alle diese Zeit vorbei. In den Familien der Siedlung musste das Mahl karg geteilt werden. Die Mütter schnitten den Kindern das

Brot dünn zu. Die Herde wurden spärlich geheizt. Die Unterstützungsgroschen wurden zehnmal in den Händen gewendet, ehe man sie ausgab. Klaus Raab wohnte fernab der Siedlung, der Weg zur Ziegelei war weit. Er war ein junger Mensch. Um sein Kinn begann feiner Bartflaum zu wuchern. Er hatte die Augen eines Kindes, dem schaurige Märchen, böse Geschichten erzählt werden. In jedem Augenblicke waren sie von dem Ausdruck des Entsetzens und der Angst verdüstert und beflammt, und ihre Dunkelheit war tief und schwer wie ein aufziehendes Gewitter, das nicht losbrechen kann. Sein Gesicht war lebendiges Zeugnis der in den letzten Monaten erduldeten und erlittenen Pein.

Er war da hin und dort hin mit großen Hoffnungen gegangen, er hatte geglaubt, man würde da und dort Arbeit für ihn haben. Er war zur Papierfabrik gewandert, umsonst. Er hatte in der Aluminiumfabrik gefragt, vergeblich. Die Sensenfabriken wollten ihn nicht haben. Große Baufirmen konnten kaum die eigenen Leute beschäftigen. Er hatte bei bei Handwerkern, bei Gärtnern, unterwegs bei allen Häusern, vor denen es unaufgeräumt ausgesehen hatte, gefragt, aber nirgends hatte man ihn brauchen können. Und er war doch noch so jung und kräftig, und in seinen Armen wartete viele Kraft auf das Joch der Mühe. Er war es gewöhnt, schwere, zähe Erde – den Lehm zu bändigen. Er war es gewöhnt, tags zu werken, bis zum Bettschlaf zu arbeiten, aber nun wußte er nicht, wohin er seine Kraft tragen sollte, damit sie fruchtbar würde. Es war ihm unerträglich, tagelang in seinem kalten Zimmer zu sitzen, zu liegen und die bösen Stunden verrinnen zu spüren. Er spürte es, das Rinnen in der Zeit, es war ihm, als stünde er in einem Bache und als überflösse Eiswasser seinen Leib. In den letzten Tagen hatte er keine andere lebendige und deutliche Empfindung mehr, als bloß einen bohrenden, stechenden Schmerz im Magen. Das war der Hunger ... Wenn ich nur einen Bissen Brot hätte!

Ibmer Moor

Das Ibmer Moor

Neben dem Hauptort Eggelsberg gibt es noch einige andere oberösterreichische Ortschaften, die an das weitläufige Ibmer Moor angrenzen, nämlich Moosdorf, Geretsberg, Franking und seit dem Jahr 1900 Hackenbuch. Das Ibmer Moor ist benannt nach der kleinen Ortschaft Ibm, die zur Gemeinde Eggelsberg gehört und den nordöstlichen Abschluss der Moorlandschaft bildet. Der Landschaftsraum ist österreichisches Naturschutzgebiet und europäisches Vogelschutzgebiet.

Die Ibmer Mooreinheit mit Bürmoos und Weidmoos ist mit rund 2000 Hektar der größte Moorkomplex Österreichs. Auf das oberösterreichische Ibmer Moor entfällt dabei etwa die Hälfte der Gesamtfläche. Es wird durch einen Schotterrücken in eine West- und eine Osthälfte geteilt. Der Westteil reicht vom Heratinger See über das Kellermoos bis Dorfibm, südlich schließen die Frankinger Möser an. Der Ostteil beginnt in der Mulde unterhalb des Ibmer Schlossbergs und reicht vom Seeleitensee über den Pfeiferanger sowie die im Süden anschließende Hochmoorinsel des Pfaffermooses und den „Ewigkeits-Filz" bis zu den Wiesen bei Furkern.

Das Ibmer Moor stellt eine absolute Besonderheit unter den Mooren dar, das von würmeiszeitlichen Endmoränen umgeben nach dem Rückzug der Eismassen entstand. Auch heute noch sind hier die Spuren des Gletschers wie etwa zwischen Hackenbuch und Ibm in Form von Toteislöchern zu erkennen, von denen der Heratinger- und der Seeleitensee übrig geblieben sind oder glazial geformte Hügel, wie jener in Weichsee. Bis ins 19. Jahrhundert hinein blieb auch dieses Moor von menschlichen Eingriffen relativ unberührt. Mit den ersten Trockenlegungsmaßnahmen und dem großangelegten maschinellen Torfabbau, der bis vor wenigen Jahrzehnten betrieben wurde, hat man das Moor für die Nachkommen über Generationen hinweg nachhaltig zerstört. In einigermaßen ursprünglicher Form besteht nur noch das Naturschutzgebiet Pfeiferanger. In dem Natura-2000-Gebiet ist eine Reihe geschützter Pflanzen anzutreffen. Eine Besonderheit ist die *Pinus mugo*, eine Krüppelkiefernart der glazialen Zeit, die heute noch deutlich erkennbar ist, während *Betula nana*, die Zwergbirke, in jüngerer Zeit als verschwunden galt, aber im Bürmoos wieder angesiedelt werden konnte. Mit einem Alter von etwa 12000 Jahren und seiner riesigen Ausdehnung ist diese Landschaft ein idealer Rückzugsraum für Tiere und Pflanzen. Etwa 100 Hektar des besonders gut erhaltenen Teils des Ibmer Moores wurden unter Naturschutz gestellt. Dieses Areal befindet sich fast zur Gänze im Besitz des Landes Oberösterreich. Das Interessanteste am Ibmer Moor ist jedoch nicht seine Größe, sondern das sind seine unterschiedlichen Moortypen. Hier sind Nieder- oder Flachmoor, Zwischen- oder Übergangsmoor und auch das Hochmoor vertreten.

Das Ibmer Moor im weitesten Sinn erstreckt sich in einem Zweigbecken des Salzach-Vorlandgletschers auf einer Meereshöhe von 424 bis 430 Metern. Der Abstand zu den Flyschbergen beträgt 10, der zu den Rändern der Kalkalpen 30 Kilometer. Daran erkennt man den Wirkungsbereich der Gletscher in der Eiszeit. Das ganze Land war ursprünglich altbayrisches Siedlungsgebiet, eine der schönsten deutschen Kulturlandschaften und wurde auch „bäuerlicher Gottesgarten" genannt. Im Jahr 1779 kam das Innviertel, das bisher großteils zu Bayern gehörte, durch den Frieden von Teschen zu Oberösterreich. Ein kleinerer Teil gehörte schon immer zu Salzburg. Auf Karten ist erkennbar, dass das gesamte Moorbecken ebenso wie das östlich anschließende der Oichten und die westlich folgenden von Hucking und Holzöster von der innersten Jungmoräne des Salzachgletschers umgeben ist. Die Geschiebe von den Gletschern hatten kristallinen Inhalt aus den Tauern, Kalken und Dolomiten der ostalpinen Trias, besonders das Gosau-Konglomerat, weit nach Norden transportiert. Die äußerste Jungmoräne, an die sich die Niederterrassenfelder des unteren Weilhartforstes anschließen, verläuft nördlich von Gundertshausen und Maxlmoos. Die mittlere Jungmoräne, die mit dem Weinberg eine Höhe von 551 Metern erreicht, beherbergt die Orte Geretsberg und Eggelsberg auf ihren Scheiteln, auf der inneren Jungmoräne hat sich Moosdorf angesiedelt. Gut erkennbar sind auch die Höhen um den Ibmer/Heratinger See mit den Randterrassen und Toteiskesseln.

Schon vor dem letzten hocheiszeitlichen Vorstoß des Salzachgletschers bildeten sich innerhalb der Jungmoränenkränze Eisseen, deren feiner weißlicher Kalkschlamm (Tegel) den Untergrund von Bürmoos, Weidmoos und Ibmer Moos bildet. In Bürmoos wurde dieser Tegel in den Ziegeleien zu hellem Backstein gebrannt.

Das Gelände wurde durch spätere Gletschervorstöße gebildet, bei denen der Endmoränenwall regelrecht gehobelt wurde. Es waren vier große, sich längsspaltende, fächerförmig ausbreitende Gletscher. Die Moräne, die das westliche Moosachtal und Niederfrankinger Becken vom Ibmer trennt, weist drumlin-und osartige Hügel auf. Sie verläuft über Königsberg und Huttner sowie über die Krögner Leiten gegen Eggenham und taucht dann in Form niedriger Hügel („Rullstenaas") in mehreren bewaldeten Kiesrücken nahe dem Westrand des Frankinger Moores auf. Die östliche Reihe zieht von Wildmann und Furkern nach Weichsee und endet in dem ebenfalls osartigen Hügel (Richtstätte der Herren von Weichsee) am Rand nördlich des ehemaligen Fischlsees, der wohl ebenso wie der Hackensee, der ehemalige Fürtner und der Schwertiger See am Westrand des Hackenbuch-Rückens lag. Die angenommenen „postglazialen Sedimente" um Ibm sind Quellkalke wie

Heratinger- oder Ibmer See mit Heratingerhof

sie an vielen Orten oberhalb der Lehmlagen der Moränenhänge – im Volksmund „Leiten“ – gebildet worden sind. Der große glaziale Stausee wurde ähnlich dem des Rosenheimer Staussees im Inntal schon in hochglazialer Zeit nach der Bildung der Gschnitzmoränen in den Alpentälern zum Großteil trockengelegt. Als das Eis des Salzachgletschers noch über 450 Meter aufragte, gingen Schmelzwasserabflüsse unmittelbar durch den Weilhartsforst nach Norden, später, als seine Stärke auf etwa 430 Meter gesunken war, über den Furtmühlbach zum Niederfrankinger Becken und durch den Landgraben nach Osten. Schließlich, aber sogar noch in hochglazialer Zeit, bahnte sich ein Seitenbach den Weg zur Salzach, nachdem die, ursprünglich aus dem Höllerer See entspringende Moosach, die 420 Meter hohe Schwelle zwischen Helmberg und Laubenbach durchsägt hatte und damit den Abfluss des Beckens herstellte. Dass die Trockenlegung der südlichen Moorteile schon im Hochglazial erfolgt ist, geht aus Pollenproben eindeutig hervor. Es gilt als erwiesen, dass sich über den dortigen Glaziallehm spätglazialer Versumpfungstorf gelegt hat. Die Torfbildung hat hier, ebenso wie die Bildung organogener Seekreide, sicher schon vor der spätglazialen „Lunzer Schwankung“, die höchstwahrscheinlich der

Allerödschwankung des Ostseegebiets entspricht, vor mindestens 12 000 Jahren begonnen. Im gesamten Moorgebiet übersteigt die Torfmächtigkeit nur an wenigen Stellen fünf Meter, durchschnittlich schwankt sie aber zwischen drei und fünf Metern. Die Größe der einzelnen Moorteile und damit des Gesamtmoores konnte damals noch nicht genau angegeben werden, weil an vielen Stellen das eigentliche Moor an anmoorige Wälder und Wiesen grenzte. Erste Schätzungen wurden 1796 gemacht und ergaben für das Weidmoos 487 Tagbaue, für Weid- und Ibmer Moos zusammen 6 000 Tagbaue, das entspricht etwa 2 000 Hektar. Nicht nur reichhaltige Moorvorkommen prägen die Region, auch Kohle ist in ergiebigen Mengen vorhanden. Im Gemeindegebiet von St. Pantaleon zwischen Salzach und Trimmelkam wurde im vorigen Jahrhundert Kohle in großem Umfang abgebaut, teilweise sogar im Tagbau. Der Betrieb der SAKOG, ein Braunkohlebergwerk in Trimmelkam, wurde 1993 aber aus wirtschaftlichen Gründen eingestellt.

Bewegte Geschichte zwischen Ibm und Weidmoos

Aus dem Moor selbst liegen bisher nur Streufunde vor, die meisten aus den Torfstichen der Familie Hinterlechner, wo außer Knochenresten (darunter ein großer gebogener Zahn) 1925 eine 16 Zentimeter lange neolithische Doppellochaxt aus Serpentin und 1921 eine 38 Zentimeter lange frühhallstattzeitliche Bronzenadel gefunden worden sind, die weitgehend mit solchen aus dem 1946 in Bürmoos gefundenen übereinstimmt. Bei der Regulierung der unteren Moosach wurden 1935 ein weiteres Serpentinlochbeil und zwei frühhallstattzeitliche Bronzewaffen, ein Vollgriffschwert und strichverziertes Messer gefunden. Im Holzöstersee haben Forscher Reste neolithischer Pfahlbauten wie verkohlte Pfahlstücke, Feuersteinklingen und Bärenzähne gefunden.

Aus der Zeit des frühen Mittelalters ist nur wenig über die Moore bekannt. Erst ab der ersten Jahrtausendwende existieren erste, aber ebenfalls nur vage Aufzeichnungen.

Die Herren von Ibm waren damals Ministeriale der Grafen von Burghausen. Ein Wernhart de Idina wird 1070 bis 1090 erwähnt. Der Friedhof von Ibm lag beim Hof Herolding, die Richtstätte zwischen der Hofmark und Autmannsdorf. Nach dem Erlöschen der Familie kam das Schloss an die Herzöge von Bayern, die es 1303 an Ludwig Gransen und 1379 an Eckhard von Tann verliehen. Im Jahr 1510 wurde es an Wilhelm von Haunsberg übergeben und kam so an das Geschlecht der Sondersdorfer. Hans Sondersdorfer ließ noch 1527 die „Tafernen“, also die Gasthäuser der Hofmark, aufmauern. Nach einer Volksüberlieferung soll es einmal einen unterirdischen Gang zwischen den Ritterburgen von Weichsee und Haigermoos, somit quer unter dem Moor, gegeben haben. Ein anderes unterirdisches Gewölbe soll einst Franking und Geretsberg verbunden haben.

Seit dem 18. Jahrhundert ist das Moor urkundlich eingezeichnet, wobei es der Salzburger Fürsterzbischof Graf von Thun bereits im Jahr 1700 austrocknen lassen wollte. 1735 arbeitete der schottische Geistliche Stuart einen Plan dafür aus. Aber erst in den Jahren 1775 bis 1808 wurden die Salzburger Moore wirklich vermessen und um 1790 begann man auch tatsächlich mit den ersten Kulturversuchen im Ibmer Moor. In den Aufzeichnungen von damals wurde auch angegeben, dass das Ibmer- und Weidmoos seit 1790 dem Grafen von Taufkirchen gehörte. Im Jahr 1800 war das Moor bereits vermessen und zwischen 1806 und 1808 wurden die ersten Kanäle auf Geheiß von Kaiser Franz I. bearbeitet und betreut.

Arbeitslose Arbeiter der damals schwer angeschlagenen Salinen mussten östlich der „Ewigkeit“ einen Landgraben ziehen. Durch den Bau weiterer Kanäle bildeten sich Seen und neue Tümpel. Das Gebiet um Hackenbuch und Krögen wurde entwässert, verschlammte aber zusehends. Nun konnte mehr schlecht als recht mit dem Torfstechen begonnen werden. 1852 wurde eine erste Verbindungsstraße zwischen Hackenbuch und Ibm gebaut und 1856 versuchte der Graf von Taufkirchen erfolglos, den Bauern im Moor das Recht auf Weideflächen zu vergeben, deshalb teilte er gleich mehr als die Hälfte des Moorgrundes unter den Bauern auf. Die Herrschaft von Ibm wurde 1866 von Heinrich von Planck, Edler von Planckenburg, erworben, der 1872 einen neuen Entwässerungsplan ausarbeiten ließ. Dieser Hauptkanal sollte zum Heratinger See führen und den Wasserspiegel um 1,1 Meter absenken. Nachdem Heinrich von Planck bereits 1873 verstarb, ließ sein Bruder August als Vormund von Heinrichs Töchtern Gabriele und Irene das Projekt einschränken, worauf es 1877 von der nach langen Bemühungen zwangsweise gegründeten „Wassergenossenschaft Ibm-Waidmoos“ genehmigt wurde. Von 1877 bis 1881 wurden mehrere Sachverständigengutachten eingeholt. Das Projekt wurde 1879 nochmals abgeändert und 1879 bis 1881 gegen den Widerstand der Bevölkerung, der heute als berechtigt angesehen werden kann, mit einem Kostenaufwand von 40 000 Gulden durchgeführt. Es umfasste vor allem den vom Heratinger See längs der Westgrenze der Herrschaft Ibm geradlinig zum Franzenskanal und zur Moosach geführten Hauptkanal und mehrere Seitenkanäle wie den zwischen Märtl- und Herrenholz durchgeführten Mittelbachkanal und den Fürther Kanal. Da auch diese wegen ihrer teilweise unzweckmäßigen Führung nicht den gewünschten Erfolg brachten, wurde das Projekt nochmals durch einige Fachleute überarbeitet und im Juli 1882 neuerlich von der Wassergenossenschaft genehmigt. Diesem August von Planck, der die Wassergenossenschaft gründete und zugleich auch deren Vorstand war, hat man in Ibm sogar eine Gedenktafel gewidmet. In der Ibmer Kapelle befindet sich zur Erinnerung an den Beginn der Erschließung des Moores eine Gedenktafel mit der Inschrift: „Zu Ehren des Herrn August Planck,

Edler von Planckenburg – Gründer der Ibm-Waidmooser Wassergenossenschaft, unter dessen umsichtigen Leitung die Entsumpfung der hiesigen Moore begonnen wurde. – Gestorben am 4. Dezember 1894 im 55. Lebensjahr."

Mehrere Besitzerwechsel

Nach mehreren Besitzerwechseln in den vorigen Jahrhunderten erwarb 1899 Ignaz Glaser, Fabrikant aus Böhmen, die Liegenschaften der Herren von Ibm, die den größten Teil des Moores einschlossen. Glaser hatte ja schon vorher seine Zelte in Bürmoos aufgeschlagen und dort eine Glashütte und ein Ziegelwerk errichtet. Seine Aktivitäten im Ibmer Moor waren mit den zu Ende gehenden Torfvorräten im Bür- und Weidmoos begründet. Einige Jahre zuvor wurde die bereits bestehende Moosstraße von Ibm nach Hackenbuch aufgeschüttet und verbreitert, damit die wenigen Moorhöfe leichter erreichbar wurden. Als Untergrund verwendete man den restlichen Bauschutt vom verfallenen Schloss in Ibm, das gänzlich abgerissen wurde. Aus den restlichen Mauersteinen wurde die Ibmer Meierei des Gundertshauser Brauers Schnaitl erbaut. Damit fand Glaser in Hackenbuch eine gut funktionierende Infrastruktur für seine weitreichenden Pläne vor.
Es begann eine Zeit kapitalistischer Spekulationen, unter denen das Gebiet heute noch zu leiden hat. Ignaz Glaser und sein Bruder Siegfried erbauten 1901 in Hackenbuch die Glasfabrik Emmyhütte zur Verwertung des Torfs und des Ossandes vom Herrenholz. Wie auch in Bürmoos wurden größtenteils landfremde Arbeiter in großen Substandard-Unterkünften angesiedelt, die mit ihrem ärmlichen Vorstadtcharakter einen unwirtlichen Kontrast zu den stattlichen Moorhöfen in Weidmoos und Ibm darstellten. Nachdem Glaser 1902 begonnen hatte, Hopfenkulturen anzulegen – man nannte diesen fälschlicherweise Saazer Hopfen –, errichtete er in Hackenbuch eine Hopfendarre und im Märtelholz ein Torfstreuwerk. Außerdem wurde eine Torfbahn gebaut, um den abgebauten Brenntorf in die Glashütte zu transportieren. 1904 wurden bereits 40 000 Kubikmeter Brenntorf gestochen und in der Glasfabrik zur Herstellung von Generatorgas verwendet. Die Moorkulturen umfassten Ende 1909 nach einer Bestandsaufnahme 13 Hektar Wiesen, 60 Hektar Hopfengärten unter Herating und um Hackenbuch, 20 Hektar Kartoffeläcker, sechs Hektar an Kürbis und einen Hektar für Meerrettich beziehungsweise Kren. Dazu kamen zwei Hektar Flächen mit Weiden, auf 356 Hektar wurde Moor gestochen, der Rest bestand aus Streuwiesen und Urmoor. Die Moorkultur ernährte 1909 140 Rinder, dazu 80 Schweine und zehn Pferde. Ein neues Entwässerungsprojekt Glasers wurde 1906 zurückgezogen, ein weiteres wurde 1909 genehmigt, aber infolge verschiedener Misserfolge in den Jahren von 1911 bis 1914 immer wieder überprüft. Die

Ausführung der Projekte scheiterte in den Kriegsjahren an der mangelhaften Finanzierung, obwohl 1915 die Einbeziehung von Kriegsgefangenen vorgesehen war.

Torf für Glas

Die Kanäle unter Ibm ließ Glaser teilweise auf 8 bis 10 Meter verbreitern. Die Moorkultur erweiterte sich damit von selbst, auch die Landwirtschaft funktionierte recht gut. Doch im Jahr 1915 gab es erste große finanzielle Probleme in den Glashütten, die auch die vielen Arbeiter betrafen. Schon ein Jahr später verstarb Ignaz Glaser, danach wurde als erster Schritt der Hopfenanbau aufgelassen. Sein Sohn Hermann verkaufte den größten Teil des Besitzes, baute aber, trotz Schwierigkeiten, die Glasfabriken weiter aus. Als nichts mehr ging, wurde die Emmyhütte in Hackenbuch 1925 von den Arbeitern selbst stillgelegt, teilweise abgerissen und das Abbruchmaterial zum Bau weiterer Baracken verwendet. Der Rest der Besitzung wurde 1927 zwangsversteigert und größtenteils von Bauern und Wirten der Umgebung erworben. So gingen Teile des Ibmer Moores an den Brauereibesitzer Schnaitl in Gundertshausen, andere an den Wirt Steiner in Hackenbuch, der südliche Teil der Frankinger Möser an den Wirt Messerklinger in Ostermiething, ein großer Teil des Weidmooses fiel dem Ziegeleibesitzer Waha in Bürmoos zu. Einige private Verkäufe fanden „unter der Hand" statt, private Unternehmer der Umgebung teilten sich so manche Ansprüche. In den Jahren zwischen 1927 und 1929 planten die Ingenieure Giebl, Gürtler und Wegerer in Linz eine Neuaufnahme des Moorstichs mit Nivellierungen und über 300 Bohrungen als Unterlage für ein neues Entwässerungsobjekt, das im August 1929 eingereicht, im September 1929 genehmigt und 1931/1933 noch ergänzt wurde. Das erste Projekt sah eine Absenkung der Seen um vier Meter, das letzte eine Absenkung um 2,5 Meter vor. Das hätte noch immer gereicht, um den Leitensee ganz zum Verschwinden und den Heratinger See zum Verschlammen durch weiteres Einfließen der unter dem Schwingmoor liegenden Gyttjamassen (Grauschlammboden) zu bringen, mit dem damals allerdings nicht gerechnet wurde.

Aufkommende Kritik

Die Planung lief im Grunde darauf hinaus, mithilfe der Entwässerung auch die Seen aufzulassen. Die Durchführung dieses Projektes hätte nicht nur der bis dahin ergiebigen Fischerei, sondern auch dem Badebetrieb am Heratinger See samt Sommerfrische in Ibm den Todesstoß versetzt. Außerdem wären damit sämtliche Mühlen entlang der Moosach in Gefahr gewesen, ihre Existenzgrundlage zu

verlieren. Das Projekt musste daher erheblich abgespeckt werden. Grund genug, 1929 ein neues Strandbad zu bauen, um es um 1940 doch wieder aufzulassen. Später wurden wieder die Wasserspiegel einzelner Seen abgesenkt und durch das Einfließen des Schlammes vom Moor schrumpfte der ganze unter Druck befindliche Schwingrasen auf weniger als ein Sechstel seines früheren Umfanges zusammen. „Es war plötzlich alles viel kleiner geworden", ist aus Erzählungen überliefert. In diesem Zusammenhang wurde schon damals auf einen Bericht hingewiesen, den die sowohl in der Moorforschung wie auch in der Moorkultur führenden Schweden den Staatsrevisoren 1932 im Reichstag vorgelegt haben. Sie forderten, „dass wirksame Maßnahmen unumgänglich getroffen werden müssen, um größere Zuverlässigkeit der Berechnungen zu erhalten, die den Entwässerungsanlagen zugrunde gelegt werden." Außerdem warnten Sie davor, dass falsche Berechnungen nicht nur für das ökonomische Wohl eines ganzen Gebietes von Einfluss sind, sondern auch dem Staate bedeutende Auslagen verursachen. Die Staatsmacht konnte nach Meinung der Revisoren nicht mehr damit zufrieden sein, „dass ein Unternehmen um das andere in ökonomische Notlage gerät und die Interessenten infolge des Mangels der betreffenden Landbauingenieure an Kompetenz oder ihrer Nachlässigkeit bei der Ausführung ihrer Aufgaben in großem Ausmaß genötigt werden, sich an den Staat mit der Bitte um Einschreiten zu wenden". Und erst recht galt die Warnung, die die schwedische Moorkulturanstalt 1935 an den Vorstand des Landwirtschaftsdepartements schrieb: „Die Übelstände, die sich allmählich bei einer Reihe von Entwässerungsanlagen eingestellt haben, sind zurückzuführen auf unvollständige Bodenuntersuchungen bei Inangriffnahme der Arbeiten. Die staatlichen Angestellten haben nicht die Ausbildung, die erforderlich ist, um den Anbauwert von Torf- und Schlammböden zu beurteilen. [...] Eine solche Felduntersuchung des Geländes ist durchzuführen, sobald die Frage einer Trockenlegung auftaucht. Dadurch können die bedeutend kostspieligeren Erhebungen durch Landbauingenieure in solchen Fällen vermieden werden, wo es sich um Böden von problematischem Wert, die den Anbau nicht lohnen, handelt. [...] eine solche Untersuchung würde auch den einzelnen Eigentümern wesentlichen Gewinn bringen, wenn das Land später bebaut werden soll." Solche, oft widersprüchlichen Bedenken kursierten damals gegenüber dem unzulänglich begründeten Entwässerungsprojekt von 1929. Auch die Mühlenbesitzer und Fischer wehrten sich gegen eine weitere Absenkung der Seen. Dennoch eröffneten am 26. Juli 1935 der damalige Bundesminister Neustädter-Stürmer und die Landeshauptleute von Salzburg und Oberösterreich die neuen Entwässerungs- und Kultivierungsarbeiten, durch die 1650 Hektar Moor entsumpft und etwa 250 neue Bauernhöfe geschaffen werden sollten. Im Oktober ließ die Bauleitung in St. Pantaleon ein neues Bohrprofil längs des Hauptkanals aufnehmen und in Ostermiething fand die dafür notwendige wasserrechtliche Verhandlung statt.

Die Seen trocken legen

Die Entwässerungsarbeiten beschränkten sich in den folgenden Jahren auf die Vertiefung des Moosachbettes, die aufgrund von Rutschungen gar nicht recht vorwärts kam. Inzwischen machte die Versumpfung der Wiesen und Felder südlich von Ibm weiter Fortschritte. Nach dem März 1938 wurden zunächst die für den Fortbestand der Moorlandschaft höchst bedrohlichen Pläne aufgeschoben. Im August des gleichen Jahres erteilte dann der neue Landesstatthalter für Oberdonau gemeinsam mit der Reichsstelle für Bodenforschung den Auftrag, die im Ibmer und Weidmoos vorhandenen Torfvorräte neu zu berechnen und Vorschläge für die weitere Entwässerung, Abtorfung und Bebauung auszuarbeiten. Ein im Oktober des gleichen Jahres abgeschlossener Bericht basiert bereits auf diesen gemeinsamen Untersuchungen. Mithilfe aktueller Unterlagen wurden zudem noch wesentlich verbesserte Karten der Torfmächtigkeit erstellt. In dem Bericht wurde vorgeschlagen, das besonders großen Schwankungen unterworfene und daher für die Bebauung weiter Moorteile besonders gefährliche Wasser des Leitensees nicht mehr wie bisher auf weite Strecken über alten Seegrund und quer durch den Osrücken zum Hauptkanal, sondern auf kürzerem Weg östlich der Moosstraße zum ehemaligen Hackenbuchsee abzuleiten. Damit könnten diese Moorteile vor weiteren Überschwemmungen geschützt werden. Außerdem könnte man auf die noch im Urzustand befindlichen oder die noch leicht in diesen Zustand zurückzuführenden Moorteile östlich des neuen Leitenseekanals und westlich des Hauptkanals als Regulator des Seewasserstands verzichten. Man sollte den Stichbetrieb im noch verbliebenen Ibmer und Frankinger Gebiet nur für den örtlichen Kleinbedarf fortführen und dafür das wesentlich geeignetere Weidmoos im großen Umfang abtorfen. Gegen diesen Vorschlag wandten sich mit verschiedenen Argumenten Oberbaurat Nagele, der Bauleiter E. Langeder und der Obmann der Wassergenossenschaft M. Kaltenegger in St. Pantaleon, der sich unter anderem auch für die Ausbeutung der Tonlager unter dem Moor stark machte. Auf ihre Vorstellungen hin veranlassten die Landesbauernschaften „Alpenland“ und „Donauland“ eine neue Begutachtung durch die Moorberatungsstelle Bremen. Die ersten Begehungen durch den Bremer Berichterstatter W. Baden und andere Torffachleute fanden im Sommer 1939 statt. In einem Bericht über diese Begehungen in der „Neuen Warte am Inn“ vom 26. Juli 1939 wurde von einem „erfreulichen Gegensatz“ zwischen den „höchst aufschlussreichen Ausführungen“ berichtet. Von den „besten Moorkennern des Reiches“ und den für den Laien unverständlichen und in landwirtschaftlicher Hinsicht nichtssagenden Äußerungen von früheren Besuchern aus Kreisen „botanischer Sachverständiger“ war zu lesen. In dem Gutachten wurde der bisherigen Stichbetrieb und auch die bisherigen Kultivierungsmaßnahmen mit Recht für unbefriedigend erklärt und Vorschläge

zur Regelung der Vorflut, des Grundwasserstandes, gemacht, wobei auf die Notwendigkeit der Erhaltung beider Seen als Wasserspeicher hingewiesen wurde sowie auf das Ausmaß der Abtorfung und die Bebauung des Grünlandes.

Am 24. August 1939 wurde die Torf- und Ökonomie-AG aufgelöst und der restliche Bestand der Herrschaft Ibm ganz vom Hauptaktionär Johann Kager übernommen. Im Herbst 1940 wurde das zu verbessernde Gebiet durch Einbeziehung weiterer Innviertler Moore auf rund 40 km^2 vergrößert, wovon jedoch nur knapp die Hälfte Moore mit über 20 Zentimetern Torf umfasste. Am 14. November 1940 schrieb ein Einsender der „Volksstimme" unter der Überschrift „Fruchtbarer Boden aus ödem Moorgebiet": „Wo heute Moor steht und Wasser – in wenigen Jahren fruchtbarer Nährboden. Diesen großen wirtschaftlichen Folgen gegenüber werden gewisse naturschutzrechtliche Bedenken zurücktreten, und zwar umso leichter, als durch die wiederholten Versuche landwirtschaftlicher Nutzbarmachung der ursprüngliche Charakter des Moores ohnehin schon gewisse Einbußen erlitten hat. Angestammtes Vätererbe wird durch dieses landwirtschaftliche Bauvorhaben, das sich als das derzeit größte der Ostmark darstellt, nicht nur erhalten, sondern auch zu neuer und fruchtbarer Grundlage für künftige Geschlechter." Solche kurzsichtigen Einschätzungen sind ein Beleg für die Fortsetzung der Glaserschen Ausbeutungsideologie, dessen einzige Werte im Gewinnstreben zu suchen waren.

Appelle, in denen die Moorlandschaften als schützenswert dargestellt wurden, gab es bereits am Beginn der 1900er-Jahre. Eduard Kriechbaum monierte im August 1920 über die ungezügelte Profitgier im Moor. Der bayerische Heimatpfleger forderte als Vorsitzender der Innviertler Heimattagung in Braunau mehr Besinnung zur eigenen Landschaft: „Die Forderung des Heimatschutzvereines für Oberösterreich, Teile des Ibmer Mooses oder angrenzender Moore vor der Vernichtung durch industrielle Torfausnützung zu schützen, ist aufs Wärmste zu unterstützen und die Forderung zu einer solchen des Inn-Salzachgaues zu machen." Auch in mehreren Veröffentlichungen der „Neuen Welt am Inn" und der „Innviertler Landschaften" aus 1935 und 1936 betonte Kriechbaum mit Recht, „dass alles Gerede um Heimat und Heimatschutz leerer Schaum ist, wenn man nicht die altehrwürdigen Denkmale der Natur, der Kunst, der Geschichte und des Volkstumes mit Liebe pflegt und mit allen Mitteln vor Vernichtung bewahrt". Und den Materialisten, die in jedem Moor nur Ödland und noch nicht ausgebeuteten Brennstoff sehen und blind für die Schönheiten, historischen und sonstigen ideellen Werte einer herrlichen Landschaft sind, schrieb er ins Stammbuch: „Wehe dem Volke, das den Sinn für seine Geschichte verloren hat und seine Natur- und Kunstdenkmale nicht mehr achtet!"

Beiden Moorgebieten, dem Ibmer Moor und dem Weidmoos, drohten damals immense Gefahren. Im 92. Band des „Jahrbuchs des Oberösterreichischen

Musealvereins" aus dem Jahr 1947 schreibt der Innsbrucker Botaniker Helmut Gams (1893–1976) Folgendes: „Viele Vertreter der Landwirtschaft und Technik haben noch immer nicht erkannt, dass dieser lebende Reichtum, dessen mindestens zwölf Jahrtausende umfassende Geschichte aus den einzigartigen Archiven der See- und Moorablagerungen heute mit ebensolcher Sicherheit erschlossen werden kann, nicht durch die nie wieder gutzumachenden Zerstörungen erzielten Gewinne, in keiner Weise aufgewogen wird. Durch gemeinsame Begehungen und Aussprachen zwischen den Vertretern der Naturforschung und des Naturschutzes mit denen der Landwirtschaft und Technik, wie sie im Mai 1941 stattgefunden haben, waren zwar, wie die seitherigen Veröffentlichungen der Torftechniker zeigen, noch lange nicht alle Gefahren beseitigt, aber wenigstens die ersten Schritte zu einer gemeinsamen Planungsarbeit getan, die allein den wirklichen Interessen der bodenständigen Bevölkerung gerecht zu werden vermag."

Bei der gemeinsamen Aussprache in Gundertshausen am 20. Mai 1941 wurde die Ausscheidung von mindestens je zwei See- und Hochmoor-Naturschutzgebieten in den Ibmer und Frankinger Mösern beschlossen. Gams fasst zusammen:

„1. Heratinger See mit 32 Hektar und reicher Wasserflora (u. a. Seerosen) und Fauna (u. a. Wels), ausgedehnten Schwingrasen, Quellmooren und Waldsteppenhängen, zusammen etwa 50 Hektar.
2. Leitensee mit 14 Hektar, hier findet man ebenfalls weiße und gelbe Seerosen, ausgedehnte Röhrichte mit vielen Wasser- und Sumpfvögeln und den großen Zwischenmoorkomplexen bis zum noch ungestörten Hochmoorrand am Pfeiferanger, zusammen etwa 200 Hektar.
3. Ewigkeitsmoos, das ist der noch im Urzustand befindliche südlichste Teil des Ibmer Hochmoors bis zum Moorrand bei der „Ewigkeit", mit einigen längst völlig zugewachsenen Blanken, zusammen etwa 90 Hektar.
4. Frankinger Möser, die ebenfalls noch großteils erhaltenen Latschenhochmoore unter Franking, besonders das Wimmer- und Grafmoos, wogegen das der Herrschaft Ibm gehörige Demmelbaumoos, das zwischen diesen beiden liegt, schon stärker durch Stiche zerstört ist, zusammen auch etwa 90 Hektar.
5. Dazu kommen weiter das nur einen halben Hektar große „Jackenmoos" auf dem Mühlberg, ein Zwischenmoor, sowie wenigstens einzelne Randteile des zum größten Teil zur Abtorfung bestimmten und seit langem auch maschinell abgetorften Salzburger Weidmooses. Mindestens der Schwertinger See mit großem *Nuphar*- und *Typha*-Bestand, Schwingrasen und periodisch überschwemmtem Zwischenmoor, zusammen etwa 7 Hektar, wovon hier kaum mehr als 1 Hektar noch offene Wasserfläche besteht. Erhaltungswürdig

wären auch der noch guterhaltene Hoch- und Zwischenmoorteil unter Ausserfürt mit dem vermoorten Randwald wie auch ein Stück im Hackenbuchwald im Lagg [Randsumpf], wo es schöne Bestände von *Calla palustris* gibt und schließlich eine nur etwa einen halben Hektar große, durch Torfstiche schon stark gestörte Hochmoorparzelle unter Krögn mit dem einzigen noch erhaltenen *Betula-nana*-Restbestand im ganzen Salzachvorland. Da dieser durch das Abtorfen schwer bedroht ist, wurden am 29. Juli 1942 einige Zwergbirkensträucher in das Ewigkeitmoos verpflanzt."

Die Kriegsereignisse brachten 1942 sowohl wissenschaftliche Untersuchungen als auch die Entwässerungsarbeiten zum Stillstand, aber schon im Herbst 1945 bildete sich in Salzburg eine neue Interessensgemeinschaft zur Gewinnung von Torfbriketts, Koks und pharmazeutischen Produkten aus dem Torf des Weidmooses. Zu dessen Gewinnung wurden zwischen Lamprechtshausen und Holzhausen Anlagen für 3,5 Millionen Schilling projektiert. Gerhard Schmidt, der damalige Leiter eines Instituts für industrielle Torfforschung, forderte auch

Holzöstersee mit Badeanstalt

für das Ibmer Moos eine Verkokungsanlage und ein pharmazeutisches Werk in Braunau. Auch bei diesem Projekt kam es nie zu einer Umsetzung.

Die „Salzburger Nachrichten“ vom 24. November 1945 und die „Neue Warte am Inn“ vom 22. Dezember 1945 berichteten über sensationelle Möglichkeiten der Torfverwertung, ohne jedoch die diesbezüglichen Erfahrungen aus anderen moorreichen Ländern zu erwähnen. Ganz zu schweigen von den ideellen Werten der damals nur mehr wenigen lebenden Moore.

Rettungsaktion für die Bekassine

Das Ibmer Moor gilt als das bedeutendste Vogelschutzgebiet Oberösterreichs und ist ein ideales Brutareal für Wiesenvögel, so auch für die Bekassine. Aktuell ist der Bestand dieser seltenen Vogelart auf 15 Paare geschrumpft. Um diesen Abwärtstrend zu stoppen, wurde gemeinsam mit dem Land Oberösterreich, BirdLife, der LEADER-Region Oberinnviertel-Mattigtal und dem REWE-Konzern ein Naturschutzprojekt gestartet. Die Bekassine benötigt baumarme Moore und deshalb sollen etwa 30 Hektar Lebensraum verbessert werden, indem man Gehölze entfernt und die Flächen zu offenen Moorwiesen und Sümpfen entwickelt. Auch andere Tierarten wie der Kleine Wasserfrosch, der Große Brachvogel und das Schwarzkehlchen bevorzugen solche offenen Flächen und Feuchtwiesen.

Moorlehrpf
Großer Rundweg

Lehrpfad Ibmer Moor

Natur pur am Rundweg

Dieser Weg führt vom Ibmer Ortszentrum über die Kulturwiesen zu einem einzelnen Gehöft und davor nach links, den Moränenhügeln östlich des Leitensees entlang. Am sogenannten Raika-Brunnen liegen zwei aus Moränenschutt gebildete Konglomeratblöcke (Nagelfluh), die einen Begriff davon vermitteln, woraus die das Moor umschließenden Hügel bestehen. Diese Moränenhügel beheimaten vor allem Rotbuchenwälder, soweit sie nicht einseitig mit Fichten bepflanzt wurden. Weitere Baumarten sind die Stieleiche, Hainbuche, Eberesche und Rotföhre. Der Waldboden ist relativ kahl. Ursachen hierfür sind das viele Buchenlaub und der dichte Schatten, den die Rotbuchen werfen. Nur im Monat Mai gibt es Blütenpflanzen wie den Stinkenden Hainsalat, die Goldnessel, den Sauerklee und die Weiße Hainsimse.

Der Raika-Brunnen bildet gewissermaßen das Tor zum Ibmer Moor. Von hier aus hat man einen sehr guten Überblick über den Leitensee und in die weite Moorebene. Einen weiteren schönen Aussichtspunkt findet man vor dem Dorf Seeleiten, wo der Lehrpfad vom bisher benützten Fahrweg ins Moor abzweigt. Die Grenze des Ibmer Moores im engeren Sinn bildet im Süden der deutlich sichtbare Fichtenwald.

Im südlichen Teil des Gebietes breitet sich das berühmte Hochmoor der Ewigkeit aus und auch einige ehemalige Torfstiche sind noch zu erkennen. Es ist eine weitgehend baumfreie Zone entlang dieses Weges, die Pfeifenanger genannt wird.

Den Leitensee umgeben Nieder- und Zwischenmoore. In der Nähe des Rastplatzes bei der Jausenstation Seeleiten findet man eine große Artenvielfalt von Pflanzen wie etwa die Braune Kopfbinse oder das schon Anfang Mai blühende Braune Zypergras.

Der Moorboden ist hier verhältnismäßig kalkrcich, da das aus dem Moränenschutt sickernde Quellwasser mineralisch angereichert ist. Der Kalk ist die Bedingung für die Ausbildung der verschiedenen Pflanzensorten. Anfang Mai blüht die Mehlprimel mit ihren violetten Blüten und auch das Fettkraut mit seinen Blattrosetten und winzigen Drüsen, mit denen es Insekten fängt, sind in dieser Zeit die Wegbegleiter. Im Juni wachsen die Wollgräser mit ihren weißen Flocken, Alpenhaarbinse, Haarflocken-Flugsamen, einige Orchideen wie Knabenkräuter, Mücken-Händelwurz und Sumpfstendel, die Bittere Kreuzblume, Graslilie und viele andere Pflanzenarten.

Aus der Ferne können wir im Mai das dichte, etwa einen Meter hohe Gewirr der Halme und Blätter großer Seggenarten ausmachen. Von Ende Juni bis August sehen wir die weißen Blütendolden des Sumpf-Haarstranges und die roten Ruten des Blutweiderichs leuchten, ebenso wie die gelben Blüten des Gilbweiderichs.

Mit zunehmender Tiefe des Sees gewinnen das Schilf und die Teichbinse die Oberhand. Nach längerer Regenzeit stehen auch diese Moorbereiche unter Wasser. An den Ufern des Leitensees siedeln sich die Nixblume und ausgedehnte Schwimmblatt-Gesellschaften an. Vom Tausendblatt ragen nur die Blütenähren aus dem Wasser. Hier bietet sich die beste Gelegenheit zu einer ausgedehnten Vogelbeobachtung. Von Mitte April bis Ende Mai vernimmt man oftmals die weichen, melodischen Rufe des Großen Brachvogels, den man auch im Flug gut beobachten kann. Die Bekassine beginnt zu balzen und mit den Schwanzfedern ihre typischen Meckereien zu erzeugen, was ihr den Spitznamen „Himmelsziege" eingebracht hat. Weitere interessante Vogelarten sind Kiebitz und Haubentaucher. Im See halten sich auch mehrere Entenarten und Blässhühner auf. In den letzten Jahren hat sich zum Ärger der Landwirte auch eine größere Anzahl an Lachmöwen eingefunden. Ab und zu stehen Grau- oder Seidenreiher und Rohrammern im Schilfgürtel. Über ein kleines Brücklein kann die Moosach (auch Weichseebach genannt) überquert werden. Der Lehrpfad führt über ein längeres Stück an einem verwachsenen Graben, dem Mittelbachkanal, entlang. Es handelt sich hierbei um eine alte Entwässerungsanlage, daneben wachsen die Öhrchen- und Schwarzweide, die Schwarzerle, die Traubenkirsche, der Faulbaum und die Moorbirke. In lockerem Strauchwerk gedeihen Echter Baldrian, Wasserdost, Akeleiblättrige Wiesenraute, Eisenhut und Trollblume, die von hier aus ein Stück in die Streuwiesen eindringen. Auf Erlenstrünken gedeiht der Kleine Dornfarn.

Im Juli und August besticht der Moorteil zwischen dem Zwischenmoor und dem Pfeiferanger mit dem Blütenkleid der Weißen Schnabelbinse. In einem großen, flachen Tümpel gedeiht reichlich die Gelbe Schwertlilie. Auf der rechten Wegseite fällt nun besonders die Fadensegge mit ihren dünnen fadenartigen Blättern auf. Die rotbraunen, grasartigen Blätter heißen Schneideried.

Auch das Sumpf-Läusekraut wächst hier. Es folgt eine kleine Abbiegung und dann ein Hauptweg, worauf wir in einen lockeren Moorwald mit vielen Schlenken (Vertiefungen) und Bulten (erhöhte Kuppen) kommen, ein typisches Hochmoorpflanzengebiet.

Das Ibmer Moor zeichnet sich vor allem durch seine Vielfältigkeit an Lebensräumen, insbesondere durch Hochmoorreste, Übergangs- und Schwingrasenmoore aus. Weitläufige Streuwiesen und Moorwälder dominieren. Hier konnten sich floristische Glanzlichter wie die Sumpf-Platterbse oder die Moorsegge bis heute behaupten, auch Schneidbinsen-Röhrichte findet man in ungewöhnlicher Ausdehnung.

Die Tierwelt im Ibmer Moor beherbergt seltene Vertreter wie den Goldenen Scheckenfalter oder eine für Österreich bedeutende Brutkolonie des Großen Brachvogels. Rehe und Feldhasen, aber auch Bisamratten und verschiedene andere Kleinsäuger tummeln sich in den Randbereichen. Von allen Vogelarten ist das Birkhuhn hervorzuheben. Auffällig ist auch die bereits genannte Bekassine. Unter den Reptilien finden sich neben der Ringelnatter auch die Waldeidechse und die giftige Kreuzotter. Ihr Biss mag zwar nicht lebensbedrohend sein, das Barfußgehen ist hier jedoch mit einem gewissen Risiko verbunden.

Unter den reichhaltig vorhandenen Lurchen sind der Grasfrosch, der Wasserfrosch, die Bergunke, die Erdkröte und der Berg- und Teichmolch im Moor vertreten.

Geschützt ist die Moorlandschaft als österreichisches Naturschutzgebiet und Natura-2000-Vogelschutzgebiet unter dem Namen „Frankinger Moos". Ein Teil ist unter dem Namen „Pfeiferanger" eingetragen. Außerdem gehört das Moor zum Sammel-Fauna-Flora-Habitat-Gebiet „Wiesengebiete und Seen im Alpenvorland". Das Ibmer Moor gilt zusätzlich als ein Vogelschutzgebiet von Weltgeltung und ist in Form einer „Important Bird Area" in Österreich als solches ausgewiesen.

Für die gesamte Lehrpfad-Runde braucht man etwa 1,5 Stunden. Am Wegrand informieren mehrere Schautafeln über interessante Details. Wegen der geringen Wegbreite ist der Moorlehrpfad mit Kinderwagen nur eingeschränkt, mit Rollstuhl nur bis zur Aussichtskanzel benützbar.

Irrlichter und Kreuztümpel

Geschichten aus dem Ibmer Moor

Ein weibliches Urgestein im Ibmer Moor ist Maria Wimmer. Sie kennt das Moor annähernd wie ihre eigene Westentasche. Kaum ein Tag vergeht, an dem sie nicht ihre Kreise durchs Moor zieht. Ihre Moorführungen sind legendär. Sie kennt jeden Winkel, jede Pflanze und alle tierischen Bewohner. Es gibt kaum eine Frage, die sie nicht beantworten kann. Die Moorführerin bleibt den Traditionen treu, wenn sie die Fantasie ihrer Gäste in hohem Maß beansprucht. Wer bis dahin noch an keine Moorgeister glaubte, tut es spätestens nach einer Führung und so mancher Besucher ist dann auch felsenfest überzeugt, Irrlichter gesehen zu haben. Jeder lauscht Maria Wimmer, wenn sie von längst vergessenen Ereignissen erzählt:

Moore waren seit alters her sagenumwobene Landstriche. Ihre Tümpel und trügerischen Sümpfe, ihre Unwegsamkeit und ihre von seltsamen Rufen und gespenstischen Stimmen erfüllte Einsamkeit haben die Fantasie der Menschen über dunkle, geheimnisvolle Mächte entfacht. Natürlich blieb auch das Ibmer Moor nicht von solchen Vorstellungen verschont. Da gab es irgendwo im Moor einen düsteren Tümpel, Kreuztümpel genannt, um den sich eine seltsame Geschichte rankte. Er ist längst zugewachsen und kein Mensch weiß mehr zu sagen, wo er lag. In der Nähe dieses Tümpels gab es ein kleines Dorf. Die Lasterhaftigkeit seiner Bewohner erzürnte Gott so sehr, dass er das Dorf versinken ließ. Das Moor wuchs über die Dächer empor und begrub allen Glanz, allen Übermut und Unrat dieses verruchten Ortes für ewige Zeiten. Nur die Kirchturmspitze ragte an bestimmten Tagen aus dem dunklen Moorloch empor. Und wenn man die Ohren spitzte, hörte man sogar die Glocken läuten.

Natürlich spielen auch Irrlichter in den Erzählungen eine nicht unbedeutende Rolle. Die meisten dieser Geschichten gerieten in unserer aufgeklärten Zeit in Vergessenheit. Einst aber vermied man es, in der Nacht auf Moorwegen zu gehen. Es ist nicht verwunderlich, wenn die abergläubischen Menschen jener Tage das Aufleuchten einer Pfütze im Mondlicht für ein Irrlicht oder den Ruf eines Nachtvogels für den Verzweiflungsschrei einer armen Seele hielten. Es mag aber auch sein, dass den späten Wanderer ein echtes Irrlicht zu Tode erschreckt hat.

So eine Irrlichtergeschichte wird noch heute von alten Leuten aus der Gegend erzählt:

Es mag schon viele Jahre her sein, da kam der Schuster Stöffl aus Franking bei einbrechender Nacht gerade bei den Moorwiesen in Herating vorbei, als ein Licht aus dem sumpfigen Grunde aufstieg und langsam auf ihn zu schwebte. Dem Stöffl fuhr der Schrecken durch den ganzen Leib und er trieb seine Beine an, um noch schneller vorwärts zu kommen. Er blickte nach hinten und sah das Licht noch immer im finsteren Moor, wollte es abschütteln und begann so schnell zu laufen, wie ihn die Beine trugen. Aber das Licht war wie eine Fledermaus und wich nicht von seiner Seite.
Schweißgebadet kam er bei den ersten Häusern von Ibm an und hoffte, nun werde ihn das unheimliche Flämmchen verlassen. Er keuchte durch das Dorf und sah mit Entsetzen das Lichtlein noch immer neben sich schweben. Bei der Schmiede, dem letzten Haus des Dorfes, klopfte er an die Türe und bat um Weihwasser. Das Licht hatte sich in der Zwischenzeit auf der Mauer an der Straße niedergelassen. Als es der Stöffl mit Weihwasser besprengte, erlosch es langsam wie eine Lampe, der das Öl ausgegangen war.

Zwei Bauern am Ufer des Ibmer Sees
Eine Kindergeschichte:

Ein Bauer war sehr reich und der andere sehr arm, der arme hieß Hans und der reiche nannte sich Ignaz. Ignaz besaß einen sehr schönen Bauernhof. Hans hatte viele Kinder und einen kümmerlichen Hof in der Nähe des Kargerhofes. Sein Hof war baufällig und die Erträge gering. Um sich etwas Geld dazuzuverdienen, half Hans als Knecht beim reichen Bauern Ignaz. Mit seinem alten Pferd und dem Ochsenkarren fuhr er Tag für Tag zur Arbeit auf den Hof von Ignaz. Der Weg war weit, der Tag war lang und führte über die oft schon finstere Moosstraße. Der Hans hatte auch einen kleinen Torfstich, wo er ein wenig Torf zum Heizen stechen konnte und einen Teil davon an das Ibmer Schloss verkaufte. Der Schlossherr gab ihm etwas Geld und davon konnte Hans Kleider für seine Familie kaufen. Das Essen bekam er vom reichen Bauern.

An einem wunderschönen Abend, der Mond stand schon am Himmel und im Moor war es recht trocken, beschloss Hans noch Torf zu stechen und am nächsten Tag im Schloss abzuliefern. Er füllte den Karren übervoll und dann versuchte er ihn aus dem Moor herauszufahren. Das Pferd zog an, da brach der Wagen und kam nicht mehr weiter, er war im Sumpf hängengeblieben. So lief er zum reichen Bauern Ignaz und bat ihn um Hilfe. Der aber lachte und schickte ihn weg, denn zu dieser späten Stunde wagte er sich nicht mehr hinaus ins Moor. So ging der Hans zum Pferd zurück und auf einmal sah er kleine Männchen, die wieselflink seinen Karren aus dem Moor herausgezogen hatten. Sie verschwanden ehe er sichs versah wieder in der Finsternis. Am nächsten Tag schickte der reiche Bauer seinen anderen Knecht ins Dorf, um bestellte Vorräte zu holen. Beim Nachhauseweg fuhr der junge Knecht zu nahe an ein Moorloch heran und das ganze Fuhrwerk fiel hinein. Ignaz kam mit seinen Leuten und alle versuchten vergeblich das Fuhrwerk zu retten. Der reiche Bauer fluchte und war vollkommen außer sich, als ihn der Knecht Hans an die kleinen Wichtel erinnerte, die ihn schon einmal aus dem Moor gezogen hatten. Er sagte: „Bauer, die werden nicht mehr helfen wollen, wenn Du so böse bist!" Hilflos musste der reiche Bauer zusehen, wie der Wagen mit all seinen Sachen langsam im Sumpf versank …

Torferneuerungsvereins Bürmoos

Eine Erfolgsgeschichte

Bürmoos war bis in die späten 1890er-Jahre eine vollkommen ebene, unbesiedelte Moorlandschaft. Mit dem Abbau des Torfs begann der Zuzug von Arbeitern. Etwa 100 Jahre später – die großen Ausbeuter hatten das Moor längst verlassen – war von der ursprünglichen Moorlandschaft nichts mehr übrig. Was blieb, war eine trostlose, ökologisch wertlose Wüste. Langsam wuchs das Bestreben einiger Bürmooser Bürger, diesen Umstand durch gemeinsame Anstrengungen zu beseitigen.

Reinhard Kaiser, ein Bürmooser Urgestein, ist das Moor seit vielen Jahrzehnten ein besonderes Anliegen. Er erzählt, wie es von der Ausbeutung bis zur Torfsanierung gekommen ist: „Nach dem Krieg wurde bis 1966 in Bürmoos nur mit den bloßen Händen Torf gestochen, meistens nur für den Hausgebrauch. Die Gemeinde wollte aus sozialen Gründen ein positives Zeichen setzen und gestattete der verarmten Bevölkerung von Bürmoos Torf zu stechen, um sich die Kosten für Brennmaterial zu sparen. In den Sechzigerjahren hat sich das aber grundlegend geändert. Es wurde einfach alles aufgelöst und die Torfstecherei wurde stillgelegt, weil es mit Öl oder Kohle genug Ersatz an hochwertigeren Brennstoffen gab. Im Torfwerk klagte man zusätzlich über einen massiven Mangel an Nachfrage. Es wäre doch interessanter für die Gartenwirtschaft abzubauen, meinte man. Da auf einmal die Bevölkerung nicht mehr interessiert war, Torf abzubauen, wurden diese Flächen, also 40 Hektar vom Land Salzburg und 17 Hektar der Gemeinde Lamprechtshausen, an die österreichischen Stickstoffwerke verpachtet. Man produzierte keinen Kunstdünger mehr, sondern Gartentorferde. Damit wurde leider der Weg für den industriellen Abbau frei!"

Von der kleinen Feldbahn, die ins Weidmoos führte, machte man kurzerhand eine Abzweigung ins Bürmoos und errichtete eine kleine Hütte, die heute dem Torferneuerungsverein als Vereinsheim dient. „Die Betreiber bauten im April 1967 eine eigene Station auf, die zugleich auch als Maschinenschuppen verwendet wurde. Das Gelände des Bürmooser Moores stand damals noch sehr unter Wasser und musste in einem ersten Arbeitsschritt rigoros entwässert werden. Bagger und Maschinen fuhren auf, um rasterförmig 2 bis 3 Meter tiefe Gräben zu graben, damit das Wasser abfließen und sich ein staubtrockener Boden bilden konnte!", so Reinhard Kaiser.

In den Jahren zwischen 1970 und 1980 bildeten sich in Österreich die ersten Grünbewegungen, die auch nach Bürmoos reichten. In Bürmoos entstanden die vielbeachteten Atrium-Häuser und darin die erste grüne alternative Liste. Reinhard Kaiser weiter: „Die Arbeiter wurden von der jungen Bewegung mobilisiert, weil ihrer Meinung nach im Moor eine falsche Entwicklung festzustellen war. Man hatte früh erkannt, dass das Moor am besten Weg zur vollkommenen Zerstörung war und nur mehr wenig Zeit zum Gegensteuern blieb. Es gab damals noch keine Pläne, um Ordnung zu schaffen, es war auch nicht klar, wer das Heft in die Hand nehmen sollte. Die Fläche des Moores sah damals aus wie eine Mondlandschaft, es war alles kahl und der Boden war staubig und zerstört. Im Jahr 1982 gab es eine Bürgerversammlung in Bürmoos und ich stellte die Frage, was aus dieser Fläche werden sollte. Der damalige Bürgermeister Zillner verwies auf einen Vertrag, der den Verbleib einer Moorschicht von einem halben Meter garantierte. Jedoch wurde munter weiter gearbeitet und abgebaut. Wir mussten zusehen, wie die verbleibende Torfschicht von Tag zu Tag dünner wurde."

1983 verstarb der Bürgermeister und sein Nachfolger, Franz Roschanegg, berief eine Bürgerversammlung ein, bei der dringender Handlungsbedarf im Moorgebiet festgestellt wurde. Weitere Teile des Moorgebiets waren zu dieser Zeit bereits maschinell zerstört. Eine Unterschriftensammlung wurde gestartet und nach einer Begehung waren die 50 bis 60 Teilnehmer schockiert. Es stellte sich die Frage, welche Aktionen für das geschundene Moor zielführend sein könnten! Schließlich gab es ja zu dieser Zeit auch andere Spekulationen über die Verwendung der abgetorften Moore von Weid- und Bürmoos. Damals überlegte man ernsthaft, den Salzburger Flughafen nach Bürmoos beziehungsweise Lamprechtshausen zu verlegen. Alternativ dazu wurde auch die Errichtung eines Golfplatzes diskutiert. Auch eine Recycling-Anlage und gar eine Wohnsiedlung waren im Gespräch. Schon im Jahr 1977 wurde das Gebiet der Gemeinde Bürmoos vom Land Salzburg angekauft und der Lamprechtshausener Anteil an Bürmoos überschrieben. Die Bürmooser Gemeinde war dann alleiniger Eigentümer des Moorgebietes. Es gab neuerlich Verhandlungen, das Moor in seinen möglichst ursprünglichen Zustand rückzuführen. Es sollte ein erster Versuch der Renaturierung und Rekultivierung werden. Kaiser erzählt weiter: „Ermöglichen sollte das Adolf Andreus, Betriebsleiter des Abbauunternehmens, der von sich aus neue Akzente setzen wollte. Da in den Verträgen für den Abbau des Moores aus 1947 tatsächlich keine Schutzmaßnahmen für die Erhaltung des Moores eingetragen waren, war eine rechtliche Handhabe unmöglich. Also musste die Renaturierung unbemerkt und schleichend vor sich gehen. 1984 war Adolf Andreaus sogar Obmann eines Vereins zur Erhaltung des Moores. In dieser Funktion ließ er bereits neben den Abbauarbeiten Tümpel und Teiche errichten. Doch er wurde Ende der 1980er-Jahre abgelöst und von anderen Arbeitskollegen ersetzt. Es gab Vorschläge von einer neuen Gruppe, die sich für

Bürmooser Moor aus der Luft betrachtet

das Moor einsetzte, der auch ich angehörte. Wir wollten viele gesunde Bäume setzen und durch das Pflanzen von Birken, Kiefern, Schwarzerlen, Weiden und Latschen wieder einen moorähnlichen Zustand entstehen lassen. Wir planten, dass die Arbeiten von den Mitarbeitern der Torfgesellschaft verrichtet werden sollten und die Bäume die Gemeinde bezahlen müsste. Da ergab es sich, dass für die Bauarbeiten der Oberndorfer Umfahrung und den Erweiterungsplänen der Oberndorfer Druckerei, Bäume ausgegraben und woanders wieder eingepflanzt werden sollten. Wir Bürmooser brachten große Mengen dieser Bäume ins Moor und die Aufforstung der abgetorften Flächen konnte beginnen", berichtet Kaiser nicht ohne Stolz. „Es wurde auch an Wasserflächen gedacht, aber Überflutungen wurden abgelehnt. Das Risiko wäre zu hoch gewesen, angrenzende Häuser zu gefährden. Es sollten sich Torfmoose entwickeln und andere Pflanzen, die im Moor gedeihen. Diese Idee war rasch umgesetzt und bald entstand eine Vielzahl von Biotopen. Durch den wellenförmigen Untergrund gab es Stellen, wo sich die Moorlandschaft mit Wasser füllen konnte. In kurzer Zeit hat sich ein Mosaik von Wasserflächen aufgestaut, umgeben von Freiwiesen", so Kaiser.

1985 wurde von der Gemeinde der Beschluss gefasst, dass die Verträge mit dem Torfwerk aufrecht bleiben sollten, aber die zu renaturierenden Flächen genau bestimmt werden sollten. Es wurde auch beschlossen, dass im Moor keine Betriebe aufgebaut, sondern nur Moos- und Moorlandschaft erhalten werden. Das Thema der zweiten Bildungswoche der Salzburger Bildungswerkstatt im Jahr 1985 war der Umweltschutz und auch der ernsthafte Beginn der hiesigen Umweltschutzbewegung. Reinhard Kaiser weiter: „Die Jägerschaft und das Torfwerk haben freiwillig Bäume gesetzt und auf einmal waren alle begeistert. Auch das Umweltbewusstsein der Kinder in den Schulen konnte gestärkt werden. Auf einmal kam sogar aus der Bürmooser Bevölkerung der Wunsch, eine Gemeinschaft zu gründen, die die Moorlandschaft pflegt und erhält. Architekt Ferdinand Aichhorn kam auf die nicht ganz korrekte Bezeichnung ‚Torferneuerungsverein', der Name hat sich aber für Marketingzwecke gut bewährt. Er symbolisiert den Willen, die Wissenschaft und die Begeisterung der Bevölkerung über den Erhalt einer naturgeschützten Landschaft zu verbinden. Wir machen aus einer Industriewüste eine geschützte Naturlandschaft für alle Menschen, das war unsere Devise!" Die Gemeinde Bürmoos hat für dieses Vorhaben mit 50 Hektar noch ein weiteres Moorstück angekauft. Von 694 Hektar Gemeindefläche wurden so insgesamt 110 Hektar in Erholungsfläche umgewandelt. Zusätzlich erwarb die Gemeinde den Grund um den Bürmooser See – eine großartige Entscheidung. „Alle waren daran interessiert, das Badegebiet und das Moor zu erhalten. Durch den Ankauf vieler Grundstücke hat Bürgermeister Karl Zillner Reserven geschaffen. Später wurden das Seniorenheim, die Feuerwehr und der Kindergarten darauf errichtet. Es konnten aber auch Grundstücke für Vereine gewidmet werden", so Kaiser.

Im Jahr 1986 beschloss die Gemeindevertretung von Bürmoos die schrittweise Renaturierung auf den abgetorften Flächen in Angriff zu nehmen. Im Juni 2000 stellte das Torfwerk die Nutzung der verbliebenen Torfabbauflächen ein. Die Funktionen des Moores im Naturhaushalt und die ehemals unbeeinträchtigten Pflanzen- und Tiergemeinschaften des über Jahrtausende gewachsenen Hochmoores waren durch den Abbau der mächtigen Torfschichten unwiederbringlich verloren.

Aus den Torfabbauflächen entwickelten sich die Geländemodellierung und durch die schrittweise Wiedervernässung nach und nach ein vielfältiges Lebensraummosaik aus Moorflächen, Flachwasserbereichen, Schilfbeständen und Gebüschen. Auf einer Teilfläche wurde mit der Renaturierung bereits 1985 begonnen. Die neuen Lebensräume sind mit dem ursprünglichen Moor aber nicht vergleichbar. Das Bürmooser Moor ist heute ein Lebensraum aus zweiter Hand. Es hat zwar den Charakter eines Moores verloren, aber den des

Verlandungslebensraumes eines Sees erhalten. Das heutige Bürmooser Moor hat sich zu einem bedeutenden Lebensraum für Vögel entwickelt und wurde im Jahr 2003 als EU-Vogel- und Naturschutzgebiet (Natura 2000) ausgewiesen.

In Teilen des Naturschutzgebietes hat sich auch der Biber angesiedelt. Wird das Ansteigen der Biberpopulation in Kulturgebieten mit Sorge beobachtet, sind sie im Moor gerne gesehen. Die Existenz des Bibers hilft auf natürliche Weise das Moor zu renaturieren. Durch ihre emsige Bautätigkeit schaffen die Biber mit ihren Dämmen immer neue Lebensräume, die wiederum Insekten, Amphibien und Reptilien anlocken.

Chronik

Der Torferneuerungsverein Bürmoos wurde am 3.12.1992 von 32 Mitgliedern aus der Taufe gehoben. Derzeit hat der Verein 614 aktive und unterstützende Mitglieder.

- 1983 Beginn der Aktivitäten zur Renaturierung der ehemaligen Frästorfflächen im sogenannten „Torffeld" durch eine lose Interessensgruppe.
- Am 17.12.1984 hat die Gemeindevertretung Bürmoos über Antrag von Gemeinderat Reinhard Kaiser und vier weiteren Gemeindevertretern den Beschluss gefasst, das im Eigentum der Gemeinde Bürmoos befindliche Torfabbaugebiet im Bürmoos (ca. 57 ha) sukzessive zu renaturieren. Ziel war eine „moorähnliche" Gestaltung.
- Im Rahmen der Bürmooser Umwelttage im April 1985 wurde mit den Renaturierungsarbeiten begonnen. Vom Torfwerk wurden dazu vier große Teiche ausgebaggert und unter Mithilfe von Schülern der Hauptschule Bürmoos etwa 2 000 Birken, Latschen, Föhren, Weiden und Schwarzerlen gepflanzt.
- In den Folgejahren wurden jährlich Teilflächen, die aus dem Abbau genommen wurden, durch die Anlage von Teichen, Tümpeln und Lacken und das Anlegen von Feuchtwiesen, Hecken und Moorgehölzen revitalisiert.
- Insgesamt wurden etwa 60 000 standortgemäße Bäume und Sträucher ausgesetzt.
- Seit 1985 hat der Torferneuerungsverein für die Neuschaffung dieses Lebensraumes und die jährliche Pflege dieses Gebietes etwa 70 000 ehrenamtliche und somit unentgeltliche Arbeitsstunden geleistet. Das Arbeitsaufkommen beschränkt sich heute in erster Linie auf die Erhaltung und Pflege bestehender Areale. Für die Zukunft sind aber der weitere Ausbau des Schau- und Lehrpfades sowie die verstärkte Kooperation mit Partnervereinen geplant. Neu geschaffen hat der Torferneuerungsverein ein bescheidenes Wiederaufleben der „Bockerlbahn". Es wurden 400 Meter Gleise verlegt, die der Verein von seinem Partnerverein in Ainring angekauft hat. Lokomotive und Waggon sind aus dem Bestand der vor Jahren stillgelegten Bahn. Der Verein hat für die Trassierung der Bahn etwa 2 000 ehrenamtliche Arbeitsstunden aufgewendet. Fallweise wird die Bahn für Rundfahrten mit Kindergruppen genutzt. Ein regelmäßiger Einsatz wird vom Betreiber aber abgelehnt, da man aus Gründen des Naturschutzes die Besucherfrequenz möglichst niedrig halten möchte.
- Der Torferneuerungsverein Bürmoos wurde für seine Aktivitäten mit einer Reihe von Umweltpreisen ausgezeichnet.

Museum Hackenbuch

Ludwig Wolfersberger ist Museumsführer und Kustos im Moormuseum von Hackenbuch. Das Museum ist ihm sichtlich eine Herzensangelegenheit: „Eine ehemalige Dienstbotenwohnung in Hackenbuch wurde zum Heimat- und Moormuseum Ibmer Moor umfunktioniert. Dass dieses kleine, aber feine Museum überhaupt eingerichtet werden konnte, ist zahlreichen helfenden Händen zu verdanken, einem Zusammenschluss von moorinteressierten Bewohnern zur Arbeitsgemeinschaft für Kultur und Heimatpflege – kurz Arge Kultur genannt. Hackenbuch ist auch ein wichtiger Schauplatz der Geschichte, denn hier liefen einst die Fäden der industriellen Ausbeutung des Ibmer Moores zusammen!" Die Entstehung der hiesigen Moore, deren Flora und Fauna, der händische und maschinelle Torfabbau sowie die Renaturierung werden in diesem Museum näher beleuchtet. Zudem ist viel Wissenswertes über die frühen Siedlungen und Funde rund ums Ibmer Moor und das Glasbläserhandwerk in Hackenbuch zu erfahren. In einem Videoraum können die Besucher bis zu 20 Kurzfilme über das Ibmer Moor und die Gemeinden der Region ansehen. Daneben werden auch verschiedene Spiele für Kinder, Schüler und Jugendliche angeboten. Dabei geht es um die Zuordnung einzelner Vögel in die Vogelwelt des Ibmer Moores, denn ein Teil des Museums ist ja als kleines Moorbiotop ausgerichtet. So wird ein Schulausflug zum Lernausflug!

Das Museum gibt aber auch Auskunft über das soziale Umfeld der Torfarbeiter und die Lebensumstände der überwiegend aus Böhmen stammenden Menschen, die zur Arbeit in die Glashütten kamen. Einige sind hiergeblieben, andere sind nach dem Wegfall ihrer Arbeitsplätze wieder weggezogen. In gut durchdachten Anordnungen wird auf die Fragen eingegangen, wie die Menschen damals zusammengelebt und gewirtschaftet haben und wie die Zuwanderer aufgenommen wurden. Aber auch die soziale Stellung der zweiten Generation wird hinterfragt, wer wann und wo wen geheiratet hat. Die Armut dieser Zeit am Beispiel der Bewohner der Arbeiterhäuser ist ebenfalls ein zentrales Thema. Ludwig Wolfersberger: „Die Häuser gehörten damals der Gemeinde Hackenbuch und waren sehr heruntergewirtschaftet. Hackenbuch galt noch vor wenigen Jahren als Schandfleck und das hat sich erst mit der Renovierung der alten Arbeiterhäuser geändert. Hauptverantwortlich für die Änderung dieser Einstellung war aber die Wertschätzung der Gemeinde Moosdorf, die sich intensiv um die Neugestaltung des Ortes bemüht hat. So wurde ein eigenes Dorfzentrum geschaffen und die ehemals trostlose Hauptstraße saniert!"

Ludwig Wolfersberger erzählt über die furchtbare Zeit der bitteren Armut nach der Schließung der Glashütte, als ob diese ihn selbst betroffen hätte: „Damals hat niemand einen Gedanken über seine Armut verschwendet, wichtig war, etwas Heizmaterial und etwas zu Essen zu bekommen, oder noch besser, irgendeine Arbeit zu finden, was aber beinahe unmöglich war. Diese schlimme Not, die es zu dieser Zeit gab, kann man aus heutiger Sicht nicht mehr verstehen!“ Der Museumsleiter zeigt sich hocherfreut, dass das Moor heute in allen Bereichen geschützt ist. 1997 wurde begonnen, alles Geschichtliche für das 100-jährige Jubiläum im Jahr 2000 von Hackenbuch zusammenzutragen. Die Museumsarbeit begann mit der Erstellung der Schulchronik bis 1948 und allen wichtigen Dingen, die bis dahin aufgeschrieben worden sind. „Wir sammelten auch alle Nachrichten und Neuheiten, die in den Zeitungen über die Gemeinde Hackenbuch veröffentlicht wurden“, so Wolfersberger. Alle Exponate wurden katalogisiert und in ein Inventarverzeichnis aufgenommen. Neu ist außerdem die Installierung eines eigenen Raumes, der einen Teil der Sammlung von Prof. Eberhard Stüber, dem langjährigen Leiter des Hauses der Natur in Salzburg, zeigt.

Weidmoos

Weidmoos

Renaturierung abgetorfter Moore

Nicht nur im Bürmoos, sondern auch im benachbarten Weidmoos begann sich nach dem Rückzug der Torfabbaugesellschaft und den umfangreichen Rückbauten die Natur langsam das Gebiet zurückzuerobern. Es entstanden große Wasserflächen, gesäumt von Schilfbeständen und Weidensträuchern. Ein idealer Lebensraum für viele seltene Vogelarten und Amphibien!

Eingriffe notwendig

Im Weidmoos entwickelte sich nach und nach ein Vogelschutzgebiet von europäischer Bedeutung. Weit mehr als 150 Vogelarten konnten festgestellt werden, darunter das vom Aussterben bedrohte Weißsternige Blaukehlchen. Ebenso sind im Weidmoos seltene Wat- und Wasservögel anzutreffen wie etwa Bekassinen und Tüpfelsumpfhühner. Für Bruchwasserläufer, Kampfläufer und andere Zugvögel wurde das Weidmoos bald eine wichtige Raststation auf ihren langen Reisen. Im Jahr 2001 wurde daher das Weidmoos als Vogelschutzgebiet in das EU-weite Natura-2000-Netzwerk aufgenommen. Nach den schweren Eingriffen durch den Torfabbau durfte das Weidmoos nicht sich selbst überlassen werden. Schon seit den 1980er-Jahren gab es Bestrebungen zu dessen Renaturierung. Damals schien aber nur ein Miteinander von Natur, Erholung, Jagd und extensiver Nutzung möglich. Im zentralen Bereich sollten ein Moorbach geschaffen und bestehende Teiche erhalten werden. Mit Ausnahme einiger Aufforstungen kam das Projekt aber nie über das Planungsstadium hinaus.

Fußball gegen Moor

Nach der Einstellung des Torfabbaus stand man aber unter großem Nutzungsdruck. Das entwässerte Areal hätte sich ohne rasche Eingriffe alsbald in eine einförmige Waldlandschaft verwandelt und drohte zuzuwachsen. Eine Lösung musste her und das möglichst schnell. Hier war es vor allem dem Umstand zu verdanken, dass 2008 in Österreich die Fußball-Europameisterschaft ausgetragen wurde. Aber was hat Fußball mit Moor zu tun? Die Erklärung ist einfach: Für die Errichtung des Stadions in Salzburg Kleßheim musste als naturschutzbehördliche Maßnahme Ersatz geschaffen werden. Die Wahl fiel auf das Weidmoos, das sich über die Gemeinden Lamprechtshausen und St. Georgen erstreckt. Dieser von der Industrie geschundene Landstrich hatte Hilfe bitter nötig. Bereits im Jahr 2000 wurden aus dem Areal von rund 136 Hektar Vogelschutzgebiet rund 80 Hektar angekauft und die Nutzung als Naturschutzgebiet grundbücherlich abgesichert. Ein Managementplan wurde erstellt, in dem die künftige Entwicklung des Weidmooses erarbeitet wurde.

Dabei wurden vor allem die Bevölkerung der betroffenen Gemeinden und die Grundeigentümer miteinbezogen. 2003 begann man das LIFE-Projekt „Habitatmanagement im Vogelschutzgebiet Weidmoos" umzusetzen. Ziel des Projekts war es, das Weidmoos durch gezielte Naturschutzmaßnahmen als Vogellebensraum auf Dauer zu erhalten und es zugleich der Öffentlichkeit zugänglich zu machen. Analog zu Bürmoos wurde auch in Lamprechtshausen ein „Torferneuerungsverein Weidmoos" gegründet. Obmann des Vereins ist bis heute der ehemalige Bürgermeister von Lamprechtshausen, Johann Grießner. Ziel des Vereins ist die Erhaltung und Pflege der Natur im Weidmoos. Trotz aller Bemühungen handelt es sich beim heutigen Weidmoos um einen von Menschen geprägten Lebensraum. Die Zerstörungen können in kurzer Zeit nicht wieder rückgängig

gemacht werden. Ziel des Projekts konnte daher nicht die Wiederherstellung des ursprünglichen Moores sein, sondern eine naturähnliche Landschaft. Heute verläuft durch das Weidmoos ein wunderbarer Schaupfad mit einer Aussichtsplattform, einem mächtigen Aussichtsturm und vielen informativen Schautafeln. Sogar eine Seeplattform wurde errichtet, um den Wasservögeln noch ein Stückchen näher zu sein. Der Weg wurde durchgehend barrierefrei angelegt und wird gerne als Ausflugsziel genutzt.

LIFE-Projekt

Von 2004 bis 2007 wurde im Natur- und Europaschutzgebiet Weidmoos Salzburgs zweites LIFE-Natur-Projekt umgesetzt. Dabei wurde das vom industriellen Torfabbau gezeichnete Gebiet in ein Vogelparadies verwandelt. Auch nach dem Ende des LIFE-Projekts wurden und werden zahlreiche Naturschutzaktivitäten gesetzt, um die Projekterfolge nachhaltig zu sichern. 2010 wurde das LIFE-Projekt „Habitatmanagement im Vogelparadies Weidmoos" als eines von EU-weit nur 5 „Best of the Best LIFE-Projekten" ausgezeichnet.

Die rund 20 Hektar im Zuge des LIFE-Projektes neu geschaffenen Streuwiesen werden von ortsansässigen Landwirten zu verschiedenen, genau auf die Bedürfnisse der Vogel- und Pflanzenwelt abgestimmten Zeitpunkten einmal pro Jahr gemäht. Die Mahd wird über den Vertragsnaturschutz gefördert. Besonders nasse, mit normalem landwirtschaftlichem Gerät nicht zu bewirtschaftende Flächen werden alle zwei Jahre mit einem speziellen Mähmobil gepflegt. Der Torferneuerungsverein Weidmoos führt gemeinsam mit mehreren Landwirten ein gezieltes Gehölzmanagement durch, bei dem entsprechend des Managementplans in jüngerer Zeit aufgewachsene Birkenbestände entnommen werden, um den halboffenen Charakter des Weidmooses zu erhalten. Als wichtige ergänzende Maßnahme werden jeden Herbst 2 bis 3 Hektar Flächen gefräst, also aufgerissen, um die besonders für das Weißsternige Blaukehlchen, aber auch für viele andere Vogelarten so wichtigen vegetationsarmen Standorte zu erhalten. An mehreren Stellen wurden Überfahrten geschaffen, um die Streuwiesen mit landwirtschaftlichen Fahrzeugen auch erreichen zu können und ein Zuwachsen der Wiesen zu vermeiden. In regelmäßigen Abständen wird die Vogelwelt erfasst, um die langfristigen Auswirkungen des LIFE-Projektes und der Streuwiesenmahd zu beurteilen und gegebenenfalls anzupassen. Auf der südlich an das Weidmoos anschließenden Biotopverbundachse zum Bürmooser Moor (ebenfalls ein Natur- und Europaschutzgebiet) wurden 2009 über eine naturschutzbehördliche Ersatzmaßnahme 5,5 Hektar intensiv genutzte Wiesen angekauft. Durch

Aushagerung und sukzessive spätere Mahd entstanden hier langfristig wieder artenreiche Feuchtwiesen. Auf dieser „Biotopverbundachse“ zwischen Weidmoos und Bürmooser Moor befinden sich noch zahlreiche naturnah erhalten gebliebene Streuwiesen und Moorwälder. Durch gezielten Einsatz von Vertragsnaturschutzvorgaben werden diese erhalten und verbessert. Nur so kann der offene Charakter des Weidmooses erhalten werden. Ziel ist die langfristige Erhaltung eines vielfältigen Mosaiks aus verschiedenen Lebensräumen.

Themenweg „Naturerlebnis Weidmoos"

Neben der vorrangigen Erhaltung der Vogellebensräume war es auch Ziel des LIFE-Projektes, das Weidmoos für Besucher erlebbar zu machen. Im Südteil des Weidmooses wurde deshalb die Möglichkeit geschaffen, das Gebiet zu besuchen, ohne dabei die Vogelwelt zu stören. Mittlerweile ist das Weidmoos über die Region hinaus zu einem Anziehungspunkt für naturliebende Besucher geworden. Die Infostelle, Schutzhaus genannt, beherbergt eine Ausstellung, in der man alles Wissenswerte rund um das Weidmoos und das LIFE-Projekt erfährt. Bei Voranmeldung wird die Infostelle geöffnet und auch Präsentationen und Vorträge sind möglich. Ein barrierefreier Themenweg lädt dazu ein, die einzigartige Vogelwelt und die verschiedenen Lebensräume kennenzulernen. Auf einer Länge von 1,8 Kilometern werden dem Besucher die Entstehung und die Ökologie des Weidmooses, die Geschichte des Torfabbaus sowie die Weidmooser Vogelarten nähergebracht. Höhepunkte des Themenweges sind der Vogelbeobachtungs-Hide, die in den See ragende Moorplattform sowie der Torfstich. Ein Aussichtshügel reicht in das sonst für Besucher gesperrte Areal hinein und ein 12 Meter hoher Natur-Aussichtsturm bietet eindrucksvolle Einblicke ins Weidmoos und hervorragende Vogelbeobachtungsmöglichkeiten. Mit entsprechender Ausrüstung (Feldstecher, Teleobjektiv) können neben den häufigeren Vogelarten mit etwas Geduld auch immer wieder Raritäten wie etwa die Zwergdommel erspäht und auch bildlich festgehalten werden.

Für Rollstuhlfahrer ist die PKW-Zufahrt bis zur Infostelle möglich.

Egal, ob Sie an einem nebligen Herbsttag oder an einem strahlenden Sommermorgen ins Weidmoos kommen, Sie werden staunen, wie vielfältig die Natur hier ist!

Torf-Glas-Ziegel-Museum in Bürmoos

Die bewegte Geschichte der Torf-, Glas- und Ziegelindustrie bildet die Schwerpunkte des ehrenamtlich geführten Regionalmuseums, das im Oktober 2013 eröffnet wurde. Es befindet sich im Ortszentrum von Bürmoos im zweitältesten noch erhaltenen Gebäude des Ortes, dem ehemaligen Hüttenkaufhaus. Den Besucher erwartet ein Streifzug durch die hiesige industrielle Entwicklung, die zur Gründung des Ortes führte. Neben der modernen und zeitgemäßen Präsentation der Schwerpunkte geben das Museum und das im Aufbau befindliche öffentliche Archiv Einblicke in das Leben, in die Kultur und in die wirtschaftliche Entwicklung des Ortes Bürmoos. Jährliche Sonderausstellungen bieten dem Museumsbesucher Abwechslung. Das Museumskonzept der umsichtigen Museumsleiterin Jutta Ramböck wurde mehrfach ausgezeichnet.

Zahlreiche Exponate veranschaulichen die Geschichte der Torf-, Glas- und Ziegelindustrie, die alle Stationen der Entwicklung zum heutigen Bürmoos

Torffräse im Bürmoos

zeigen und einen Einblick in die ortsprägende Arbeiterkultur geben. Die Exponate dokumentieren die Ansiedlung der aus verschiedenen Ländern kommenden Torfstecher, Glas- und Ziegelarbeiter. Flachgauer, Italiener, Böhmen, Ungarn, Russen, Polen und Serben schufteten in Bürmoos und viele von ihnen wurden hier heimisch. So zeigt eine typische Arbeiterwohnung der ersten Hälfte des 20. Jahrhunderts die armseligen und beengten Wohnverhältnisse der oft vielköpfigen Familien.

Die Schwerpunkte des Museums gruppieren sich um die Entstehung des Moores, den Torfstich, den maschinellen Torfabbau und die Weiterverarbeitung im Torfwerk. Weiters widmet man sich dem Glas, wobei die Rohstoffe, die Erzeugung und die verschiedenen Produktionsstufen von mundgeblasenem Tafelglas (Fensterglas) und Hohlglas im Vordergrund stehen. Natürlich wird auch über die Ziegelerzeugung berichtet, vom handgeschlagenen Ziegel bis zur industriellen Fertigung, die in Bürmoos bis in die 1950er-Jahre bestand. Angeschlossen ist ein öffentliches Archiv, das der Geschichte und Gegenwart von Bürmoos gewidmet ist. Empfohlen wird der Museumsbesuch mit einer anschließenden Wanderung ins ehemalige Torffeld. Der „Bürmooser Moorerlebnis Rundweg" kann vom Museum aus eigenständig begangen werden.

Der Teufel vom Leitensee

In Seeleiten liegt in der Nähe des Sumpfes eine kleine, unscheinbare Kapelle. Ein blasses Wandbild darin weist auf folgende Sage hin:

Vor langer Zeit gingen einmal einige Bauernburschen von der Kirchweih nach Hause. Unterwegs erzählte der eine, dass auf dem Brücklein über den Mühlbach schon oft der Teufel gesessen sei und manchen in den Sumpf gelockt habe; auch er habe schon in späten Sommernächten hier blaue Lichtlein flackern sehen, die sich zu höllischen Fratzengestalten zusammengeballt hätten. Seine Begleiter lachten ungläubig und einer meinte, er hätte genug Mut, sich noch diese Nacht auf das Brücklein zu stellen und den Teufel im Sumpfe zu rufen. Während die anderen ihres Weges gingen, blieb der Verwegene zurück und wartete, an das Geländer gelehnt, auf dem Stege die Stunde der Mitternacht ab. Dann schrie er unter grässlichem Fluchen: „Teufel, zeige dich und deine Macht!" Da brach das Geländer, der Frevler stürzte hinab und versank im Sumpf, während aus den Binsen in der Nähe ein schauerliches Hohngelächter erscholl. Von da an sah man in der Seeleiten des Nachts immer um ein Lichtlein mehr flackern.

Die Huckingerin und der Riese Veit

In den fünfziger Jahren des vorigen Jahrhunderts fand man im Huckingersee, nahe Tarsdorf, die Leiche eines Forstmannes, der in St. Radegund ansässig war. Man vermutete zuerst, dass er durch einen Wilderer ums Leben gekommen war. Da aber keine Todesursache entdeckt werden konnte, waren die Anwohner in dem festen Glauben, das Huckinger-Weibchen hätte ihn geholt. Dieses hauste im See und lockte alle hundert Jahre einen unschuldigen Jüngling zu sich. Ihr letztes Opfer soll ein gewisser Ignaz gewesen sein, sein Marterl wurde später fortgeschwemmt. Eines Tages im Winter war er verschwunden, und als im Lenz der erste Mensch an den Huckingersee kam, fand er den Vermissten im Schilfe als Leiche. Die Füße nach oben, von Fischen halb zerfressen. Auf ihn folgte dann als nächstes Opfer der Forstmann.

Der Ritter Veit war ein wüster Geselle, ein Riese von Gestalt, von allen gefürchtet und gehasst. Manche Frau verschwand plötzlich spurlos und in den Losnächten hört man oft das Weinen und Jammern derer, die im Sumpfe begraben liegen. Die Unglücklichen möchten ihre Leiber in geweihter Erde begraben wissen, doch kein Mensch will nach ihnen suchen und sie erlösen. Ritter Veit hatte einen neuen Falkenwärter in seine Dienste genommen und dieser hatte eine ebenso holdselige wie gottesfürchtige Ehefrau namens Mechthilde. Als Veit unvermutet von einer Jagd heimkehrte, war in der Burgkapelle die heilige Messe schon beendet und Mechthilde kniete allein vor dem Altare. Veit drang in die Kapelle ein, schloss die Türe hinter sich und trat an das ehrbare Weib mit ungebührlichen Anträgen heran. Mechthilde rief mit entsetztem Herzen zu Gott: „Herr, du siehst diesen Schänder deines Altares und Verächter aller Tugend. Lieber möchte ich im Huckingersee begraben liegen, als deine Gebote zu übertreten!" Da vernahmen Veits Leute ein schreckliches Krachen, als wäre die Erde geborsten, und als sie vor Schreck heimkehrten, fanden sie von der Burg und ihren Hütten keine Spur mehr. An der Stelle aber, wo die Burg stand, war ein Sumpf. Die Gegend wurde dann das „Elend" genannt. Mechthildes Bitte wurde erfüllt. Sie liegt im Huckingersee begraben und Veit wandert im Moor herum, seine Herberge aber hat er im tiefsten Grunde des Sees von Ibm. Alle hundert Jahre muss er dem nassen Huckinger-Weibchen einen schuldlosen Jüngling zum Opfer bringen, damit seine Schuld sich vermehrt, er daher nie erlöst und selig werden kann. Mechthilde aber muss zur Strafe dafür, dass sie sich gleich den Tod gewünscht hatte, bis zum Ende der Welt im See bleiben; erst wenn die Welt in Trümmer geht, wird sie erlöst werden.

Quelle: Barbara Katzlberger, Gemeindeamt Tarsdorf.

Natur- und Europaschutzgebiet Oichtenriede

Das Natur- und Europaschutzgebiet Oichtenriede ist 105 Hektar groß. Der Oichtenbach durchfließt das Schutzgebiet Richtung Süden und bildet hier die Gemeindegrenze zwischen Michaelbeuern und Nußdorf am Haunsberg. Seit den 1920er-Jahren ist die Oichten hier begradigt. Zwar ist die Oichtenriede nicht für Besucher aufgeschlossen, aber es führt eine wenig befahrene Straße im Nordteil von West nach Ost.

Viele Wiesen der Oichtenriede sind Streuwiesen. Sie werden nur einmal im Jahr im Herbst gemäht und nicht gedüngt. Verzahnt sind die Streuwiesen mit meist mäßig gedüngten und entwässerten Feuchtwiesen sowie einigen intensiv bewirtschafteten Futterwiesen.

Die Oichtenriede ist ein Niedermoorgebiet. Dies bedeutet, dass der Moorwasserhaushalt vom Grundwasser geprägt ist. Im Moor herrscht ständiger Wasserüberschuss und abgestorbene Pflanzen können aufgrund von Sauerstoffarmut

nur unvollständig zersetzt werden. So entsteht Torf statt Humus. Der Torf ist in diesem Bereich bis zu acht Meter mächtig und über Jahrtausende gewachsen. Darunter befinden sich bis zu 250 Meter dicke tonige Sedimentschichten, die kein Wasser durchlassen und die Moorbildung erst ermöglicht haben.

In diesen niederwüchsigen Biotopen leben einige seltene und geschützte wiesenbrütende Vogelarten wie der Brachvogel oder der Kiebitz. Bei den Pflanzen sind besonders die für die Niedermoore wichtigen Orchideenarten auffällig, wie etwa das Fleischfarbene Knabenkraut und das Breitblättrige Knabenkraut. Auch der Moor-Glanzständel, eine sehr seltene Orchideenart, kommt in wenigen Exemplaren vor. Ebenso sehr selten im Flachgau ist der Moorenzian, der in der Oichtenriede nur an einer einzigen Stelle in einer Niedermoorstreuwiese vorkommt. Auf den Wiesenwegen ist vereinzelt das Gelb-Zypergras, ein seltenes, einjähriges Sauergras, anzutreffen.

Rund um dieses Moor ranken sich viele Sagen. Im Folgenden eine Begebenheit, die zum Kirchlein von Lauterbach, das etwas erhöht am Haunsberg liegt, überliefert ist. Die kleine Kirche ist dem hl. Ägidius, dem Finderpatron, geweiht:

In seinem Türmchen hängt eine Glocke, die heute noch Vermisstenglocke heißt. Dem Glauben des Volkes nach hat sie die Kraft, verschwundene Menschen, verirrte Wanderer und verlorene Sachen wieder zurückzubringen. Das Oichtental war früher sehr versumpft, im Spätherbst lag daher oft undurchdringlicher Nebel über dem Land. Für die Wanderer bedeutete das eine große Gefahr, vom Weg abzukommen und im Moor zu versinken. Deshalb musste der Mesner von Lauterbach an solchen Nebeltagen immer wieder die Glocke läuten, um die Richtung zu weisen.

Quelle: Veronika und Wolfgang Mayregg: Nußdorfer Geschichte und Geschichten, 2002.

Wenger Moor

Wenger Moor am Wallersee

Das Wenger Moor am Wallersee ist ein Juwel. Es hat eine Ausdehnung von 300 Hektar und stellt das größte noch gut erhaltene Moorgebiet des Salzburger Alpenvorlands dar. Das große Natur- und Europaschutzgebiet „Wallersee-Wenger Moor" liegt am Nordufer des Wallersees und ist durch mehrere Wege im Verlauf des Wallersee-Rundweges aufgeschlossen.

Das Wenger Moor umfasst ein Mosaik aus urwüchsigen Hoch-, Nieder- und Übergangsmooren, traditionell bewirtschafteten Streu- und Feuchtwiesen, Moorwäldern, naturnahen Bachläufen sowie einen der letzten unverbauten Uferabschnitte des Wallersees. Durch die enge Verzahnung verschiedener Lebensräume kommen hier noch viele Tier- und Pflanzenarten vor, die andernorts – in der intensiv genutzten „Normallandschaft" – bereits verschwunden sind. Hierzu gehören in den Wiesen brütende Vogelarten wie der Große Brachvogel und der Wachtelkönig, seltene Tagfalter wie der Helle Wiesenknopf-Ameisenbläuling sowie die „Hochmoorspezialisten" Sonnentau, Wollgras und Moosbeere. Weil es zahlreiche Arten und Lebensräume mit europaweiter Bedeutung beherbergt, ist das Wenger Moor Teil des EU-weiten Netzwerkes der Natura-2000-Gebiete und gehört damit zu den bestgeschützten Moorlandschaften.

Um frühere Eingriffe in das Wenger Moor wenigstens teilweise zu reparieren, wurde hier von 1999 bis 2004 ein von der EU gefördertes LIFE-Renaturierungsprojekt durchgeführt. Dabei wurden die alten Entwässerungsgräben aus der Zeit des Torfabbaus abgedichtet und auf diese Weise das Hochmoor erfolgreich wiedervernässt. Die typische Hochmoorvegetation kann sich nun wieder ausbreiten.

Für die Besucher wurde ein 3 km langer, informativer, kinderwagen- und rollstuhltauglicher Themenweg angelegt, in dessen Verlauf die typischen Lebensräume des Gebietes vorgestellt werden. Von einer barrierefreien Aussichtsplattform hat man einen schönen Überblick über die Moorlandschaft am Wallersee.

Schönramer Filz

Schönramer Filz

Das Hochmoor entdecken

Was östlich der Salzach als „Moor" bezeichnet wird, ist beim bayerischen Nachbarn als Filz oder Moos bekannt. Die Ausdrücke „die Filzen" und „der Filz" stehen laut bayrischem Wörterbuch für Moos oder Moorgrund. Im Grunde haben die unterschiedlichen Bezeichnungen denselben Ursprung, die gleiche Geschichte.

Bis vor rund 10 000 Jahren strömten mächtige Gletscher aus den Tauern nach Norden. So auch in das bayerische Alpenvorland. Nach ihrem Rückzug hinterließen sie uns dort die bekannten Moränenlandschaften mit sanften Hügelketten, Seen und Mooren. Charakteristisches Beispiel für eiszeitlich geprägte Landschaften ist der Schönramer Filz. Die Filzen entstanden in einem Zweigbecken des Salzachgletschers und gehören mit einer Höhe von 450 Metern zu den am tiefsten gelegenen Hochmooren Südostbayerns. Der Schönramer Filz zählt übrigens auch zu den größten Hochmooren Südostbayerns. Das Gebiet wird durch eine Straße, die von Schönram nach Laufen führt, in zwei nahezu gleich große Teile getrennt. Der Schönramer Filz ist ein riesiger Moorkomplex, der zwischen dem Abtsdorfer und dem Waginger See eingebettet ist und sowohl die fast komplette Zerstörung als auch eine höchst erfreuliche Wiedergeburt hinter sich hat. Der ursprünglich ca. 500 Hektar große und zur Gänze unbewaldete Schönramer Filz ist heute ein Übergangs- bis Waldhochmoor, das größtenteils mit mehrschichtigen lichten Beständen aus Kiefern, Fichten und Sandbirken bewachsen ist. Im Norden befinden sich baumfreie Flächen, auf denen Moor-Heidelbeeren, Preiselbeeren und Moosbeeren gedeihen. Hier findet man auch vereinzelt Latschenfelder. Richtung Südosten wandelt sich die Übergangsmoor-Vegetation kontinuierlich in eine Kahlflachmoor-Ausbildung. Im Nordostteil liegt das Naturwaldreservat Schönramer Filz – das bedeutet, dass sich hier der Wald in einem weitgehend naturnahen Zustand befindet. Das Naturwaldreservat wird als „Kiefern-Fichten-Birken-Moorwald in der östlichen kalkalpinen Jungmoräne" bezeichnet und erstreckt sich über eine Fläche von 55,5 Hektar.

Kurze Nutzung – nachhaltiger Schaden

Bis 1803 gehörte der Schönramer Filz zum Fürsterzbistum Salzburg, nach der Säkularisierung und der neuen Grenzziehung zwischen Salzburg und Bayern ging die Fläche in den Besitz des Königreichs Bayern über. Bis in das Jahr 1850 wurden die damals noch weitgehend waldfreien Filze kleinräumig zur Streumahd oder als Viehweide genutzt, die Moorentwicklung wurde dabei kaum beeinträchtigt. Die Beweidung und Streunutzung erfolgte durch Bauern der umliegenden Dörfer. Die ersten urkundlichen Bestandsnachweise des Schönramer Filzes gehen auf das Jahr 1837 zurück, als der größte Teil des Moores noch frei von Gehölzen war. 1850 begann man mit der systematischen Kultivierung in Form von Entwässerung und Aufforstung. Mit Beginn des 20. Jahrhunderts wurde die forstliche Nutzung verstärkt, dazu wurden 30 Kilometer neue Entwässerungsgräben angelegt, große Mengen an Dünger eingesetzt und der Torfabbau massiv gefördert. 1920 verpflichtete das Gesetz die Mooreigentümer unter Androhung der Enteignung zur Moorkultivierung. Vor allem die maschinellen Torfabbaumethoden durch die Landestorfwerke fügten dem ehemaligen Hochmoor tiefe Wunden zu. Mithilfe einer eigens angelegten Torfeisenbahn wurde ab diesem Zeitpunkt der Torfabbau in noch größerem Umfang als bisher betrieben. Daneben waren von 1933 bis 1951 noch zusätzlich rund 2000 Torfstecher tätig, um Brenntorf aus dem Filz zu gewinnen. Erst durch das Aufkommen von Heizöl als Brennstoff ging die Nachfrage nach Brenntorf zurück.

Schönramer Filz und der zweite Frühling

Bald stellte sich auch die Frage nach der weiteren Nutzung des Moores. Aufkommende Naturschutzbewegungen erkannten zudem den ökologischen Wert der noch verbliebenen Moorlandschaft. 1982 stellte das Bayerische Naturschutzgesetz alle Moore unter Schutz. Gleichzeitig erließ die Bayerische Staatsforstverwaltung neue Richtlinien zur Behandlung ökologisch besonders wertvoller Waldbiotope. Erheblich früher als in Österreich beschloss 1988 der Bayerische Landtag, den Torfabbau auf staatseigenen Flächen zu beenden. Bereits 1990 wurde für den Schönramer Filz ein Plan zur Pflege und Renaturierung entwickelt. Deshalb darf heute nur mehr an wenigen Stellen Brenntorf und nur im Handstichverfahren gewonnen werden. Der Schönramer Filz zählt aufgrund seines reichhaltigen Arteninventars zu den für den Naturschutz wertvollsten Moorkomplexen Oberbayerns. Sein Wert für die Erhaltung moortypischer Arten und seine Großflächigkeit waren wesentlich für die Aufnahme in den bayerischen Katalog für das Natura-2000-Schutzgebietsnetzwerk. Daraus resultiert aber auch eine europaweite Verantwortung zur Erhaltung beziehungsweise Wiederherstellung der durch Grabensysteme und Torfabbau in weiten Teilen beschädigten Hochmoorflächen. Im Jahr 2000 wurde ein weiteres Forschungsprojekt initiiert. Die Ergebnisse der Bestandserhebungen zeigen, dass die beschädigten Hochmoorflächen hochgradig schützenswerte Lebensgemeinschaften von Tieren,

Pflanzen und Mikroorganismen aufweisen. Nach naturschutzfachlichen Bewertungsmaßstäben kommt den unbewaldeten Flächen des Schönramer Filzes eine für einige Artengruppen besondere Bedeutung für den Artenschutz zu, deren Bestandserhaltung in erster Linie von der Offenhaltung der Hochmoorflächen abhängt. Als weiteres zentrales Ziel der Untersuchungen im Schönramer Filz gilt daher die wissenschaftliche Begleitung der Versuche zur Offenhaltung der von verschlechterten Bodeneigenschaften geprägten Hochmoorflächen mittels Beweidung. Dazu wurde auf verschiedenen 5 000 Quadratmeter großen Versuchsflächen Umtriebs-Koppelbeweidung mit jeweils fünf bayerischen Waldschafen oder Moorschnucken sowie je drei Ziegen durchgeführt. Mittels Bodenfallen, Käscher- und Handfängen wurde das Artenspektrum der Laufkäfer, Landwanzen, Schmetterlinge, Heuschrecken sowie teilweise der Spinnen erfasst. Die Ergebnisse der Untersuchungen deuten darauf hin, dass eine leichte Beweidung als Möglichkeit zur Offenhaltung recht vielversprechend sein kann, zumindest für Moorheideflächen mit nur beginnender Gehölzentwicklung.

Wasserlinsen und Pfennigkraut

Die Blaugrüne Mosaikjungfer

Ziel des Naturschutzes ist neben dem Erhalt der bestehenden Restvorkommen eine flächenhafte Vergrößerung naturnaher Moorbereiche durch Wiedervernässung von trockengefallenen Bereichen. 1998 wurde im Schönramer Filz begonnen, ehemalige Frästorfflächen großflächig wiederzuvernässen. 1999 wurden die Maßnahmen auf das Ainringer Moos, ein Niedermoorgebiet mit großflächigem Frästorfabbau, ausgeweitet.

Im Schönramer Filz wurden unter den 261 nachgewiesenen Arten, 82 den Roten Listen zugeordnet (vor allem Vögel, Libellen, Ameisen und Laufkäfer). Wie im Schönramer Filz, spielen auch im Ainringer Moos diese vier Tierartengruppen in der Repräsentanz gefährdeter Arten die größte Rolle. Hier waren von 152 nachgewiesenen Arten 40 Vertreter der Roten Listen. Auch einige neu aufgetretene seltene Libellenarten gehören inzwischen zum festen Artenrepertoire der wiedervernässten Frästorfflächen. Von ausschlaggebender Bedeutung sind die, bedingt durch das Geländerelief ausgeprägten Flachwasserzonen und Uferbereiche. Eine Überstauung der Fläche mit einheitlicher Wassertiefe hätte hier sicherlich nicht zu den wertvollen Übergangszonen geführt.

Moorlehrpfad Schönramer Filz

Der etwa 3,4 Kilometer lange Moorerlebnispfad beginnt bei der Infospirale am Parkplatz „Heidewanderung“ im sogenannten „Äußeren Filz“. Die Infospirale wurde aus mächtigen Holzstämmen errichtet, in der mehrere Schautafeln über den Schönramer Filz informieren. Aber auch entlang des Lehrpfades geben Infotafeln Auskunft über die Entstehungsgeschichte des Moores, die Geschichte der Torfgewinnung, das ehemals hier befindliche Barackenlager, die in jüngster Zeit erfolgten und noch anhaltenden Renaturierungsmaßnahmen sowie über die ökologischen Verhältnisse im Moor.

Über weite Teile verläuft der Moorlehrpfad auf der Trasse der ehemaligen Torfeisenbahn (Bockerlbahn). In diesem Bereich sind die Torfschichten zum Teil über sechs Meter hoch. An einigen Stellen ragen flache Hügel wie kleine Inseln aus dem Moorkörper heraus. Diese Rücken werden als „Drumlins“ bezeichnet. Dabei handelt es sich um längliche Hügel von tropfenförmigem Grundriss, die in der Längsachse der Eisbewegungsrichtung während der letzten Eiszeit vom Gletscher hier zurückgelassen wurden. Es geht vorbei an einem ehemaligen

Info-Haus im Haarmoos

Barackenlager, von dem nur mehr ein Brunnen zu sehen ist. Weiter führt der Weg an ehemaligen Torfstichen vorbei sowie an Latschen- und Kieferngehölz und an Restflächen noch intakter Moorlandschaften. Schließlich erreicht man den großen Moorsee, der in einer ehemaligen Torfabbaugrube künstlich angelegt wurde. Spätestens hier entfaltet die stille Landschaft ihre ganze Schönheit und man beginnt die Natur, die sich rundum auftut, in vollen Zügen zu genießen. Man staunt über die vielen Pflanzen, die den Weg säumen und die seltenen Vögel, die über dem See ihre Runden ziehen. Am See entlang geht es, nach rechts abzweigend, federleichten Fußes über einen birkengesäumten Schwingbodenweg, dann wieder durch den Wald und schließlich auf dem Rad- und Forstweg zum Ausgangspunkt zurück. Bis zuletzt bieten Schaukanzeln und Plattformen grandiose Einblicke in die faszinierende Moor- und Heidelandschaft. Der Moorerlebnispfad ist nur bedingt barrierefrei, da es sich entweder um geschotterte oder mit Hackschnitzel bestreute Forstwege handelt.

Dunkle Vergangenheit im Moor

Nur 200 Meter vom Moorlehrpfad entfernt, befindet sich auf der anderen Straßenseite eine Gedenkstätte, die an die Zeit des Nationalsozialismus erinnert: Mitten im Wald liegt hier ein Friedhof, der sogenannte „Ukrainerfriedhof". Im Zentrum des damaligen Moorgebietes befand sich von 1935 bis 1940 eines von vielen Reichsarbeitslagern (RAD), in dem 18- bis 25-jährige Rekruten ihre 1935 eingeführte, halbjährige Dienstpflicht abzuleisten hatten.

Der dort gepflogene militärische Drill diente der Vorbereitung auf den zukünftigen Kriegseinsatz. Die Rekruten wurden in diesem Lager im nationalsozialistischen Sinn erzogen und ideologisch geschult. Bis nach Kriegsbeginn bestand für die rund 200 dieser „Moorsoldaten" die Hauptaufgabe darin, das Moor zu entwässern und Torf zu gewinnen. Zu ihren Aufgaben zählte auch die Regulierung des kleinen Flusses Sur. Danach stand das Lager bis Anfang 1944 leer, bis die Baracken in den letzten beiden Kriegsjahren als isoliertes Lager für tuberkulosekranke Zwangsarbeiter Verwendung fanden. Die etwa 150, von Schikanen in den Fabriken gezeichneten, arbeitsunfähigen Gefangenen stammten mehrheitlich aus der Ukraine, unter ihnen auch etliche Frauen. Viele von ihnen waren zuvor bei Traunreut in der Rüstungsindustrie eingesetzt worden. Die Kranken konnten sich in der Nähe der Lager frei bewegen, bettelten bei den umliegenden Bauern um Milch und Brot und durften sogar an den Beerdigungen ihrer Kameraden teilnehmen. Zehn kranke Lagerinsassen verlegte man ins Lungenheim nach Laufen. Nach 1945 diente das ehemalige Arbeits- und Krankenlager noch einige Jahre als Auffanglager für Kriegsflüchtlinge. Im Werklager der

Landestorfwerke bauten Vertriebene noch bis 1950 weiter Torf ab, bis sich die Forstverwaltung entschloss, die baufälligen Baracken abzureißen und das Gelände wieder aufzuforsten.

Das Haarmoos und der Abtsdorfer See

Der Abtsdorfer See war einst doppelt so groß wie heute. Der nach dem Abschmelzen des Salzachgletschers in einer Schürfungsgrube entstandene See gilt als einer der wärmsten in Bayern. Seine dunkle Färbung stammt von den huminsäurehaltigen Zuflüssen aus dem nahen Haarmoos. Das Haarmoos selbst war ursprünglich auch ein flacher See und wurde als Hui- oder Haarsee bezeichnet, wovon vermutlich der zweite in der Gegend aber kaum gebräuchliche Name des Abtsdorfer Sees herrührt. Im See liegt die langgestreckte, dichtbewaldete Insel Burgstall. Die Insel ist an einer Stelle nur wenige Meter vom Seeufer entfernt. Dort stand im Mittelalter eine Burg, die heute aber vollständig verschwunden ist. Die Burgherren, die Herren von Kuchl, waren ein angesehenes Salzburger Rittergeschlecht und hatten im 14. Jahrhundert auch im nahen Leobendorf größere Besitzungen. Während der Auseinandersetzungen zwischen dem Erzstift Salzburg und dem Herzogtum Bayern versuchte man, die ab dem Jahr 1355 errichtete Burg unter Wasser zu setzen. Dazu wurden einige Dämme aufgeschüttet, die zur Vergrößerung des Sees führten und erst 1558 wieder geöffnet wurden. Der Haarsee wurde 1772–1774 trockengelegt, um landwirtschaftlich nutzbare Fläche zu gewinnen. Dazu wurde der einzige Abfluss des Sees, der Schinderbach, auf Anordnung von Fürsterzbischof Hieronymus Graf Colloredo um zwei Klafter (ca. 1,75 m) vertieft. Um 1900 wurde erwogen, den Abtsee nochmals um 80 bis 100 cm abzusenken, jedoch lehnten die Laufener Bürger dies ab.

Seit der Trockenlegung bestand die Grünlandnutzung traditionell aus Wiesen zur Heu- und Streugewinnung, wobei im Umland vielfach Getreide angebaut wurde. Das Haarmoos hat Naturschutzgeschichte geschrieben, denn es ist keineswegs selbstverständlich, dass hier der Große Brachvogel flötet und ein außergewöhnlicher Reichtum seltener Tier- und Pflanzenarten erhalten wurde. Das Haarmoos ist die letzte große Streuwiesenlandschaft im Berchtesgadener Land und das größte Wiesenbrütergebiet Südostbayerns. Im Jahr 1979 zum Landschaftsschutzgebiet erklärt, gehört das Haarmoos seit 2004 auch als „Fauna-Flora-Habitat-Gebiet" dem Europäischen Schutzgebietsnetz Natura 2000 an. Noch um 1980 war geplant, mehr als 100 Hektar im Haarmoos zu entwässern und landwirtschaftlich intensiv zu nutzen. Dabei handelte es sich um die Hälfte des Gebietes, doch amtlicher und privater Naturschutz stemmten

Im Haarmoos

sich vehement dagegen, bis derartige Feuchtgebiete 1982 in Bayern gesetzlichen Schutz erlangten.

Gesetzlicher Schutz allein erhält aber keine Wiesen für seltene Wiesenbrüter. Die Bauern brauchten einen finanziellen Anreiz, wenn sie die wenig ertrag-, aber artenreichen Flächen weiterhin bewirtschaften sollten. 1980 wurde im Berchtesgadener Land erstmals durch den Freistaat Bayern ein Förderkonzept ausgearbeitet, das als Vertragsnaturschutz-Programm (VNP) bekannt wurde und bis heute landesweite Praxis geblieben ist. Dieser Anreiz bewegte in den folgenden Jahren immer mehr Bauern im Haarmoos, denen die Natur ihrer Heimat am Herzen lag, ihre Feuchtwiesen nach den Vorgaben des Naturschutzes zu bewirtschaften.

Unterstützt wurde diese Entwicklung durch die Bauernobmänner und die Teilnehmergemeinschaft der Flurbereinigung Saaldorf II, der es vorbildlich gelang, Landwirtschaft und Naturschutz unter einen Hut zu bekommen und über 20 Hektar als Vogelschutzgebiet zur Verfügung zu stellen.

Die Naturschutzverbände erweiterten die Schutzzonen durch Flächenankauf auf derzeit rund 70 Hektar. Allein der Landesbund für Vogelschutz in Bayern

Abtsee mit dem Schloss Abtsee

erwarb über 50 Hektar. Die notwendige Pflege der Flächen erfolgt seit vielen Jahren durch örtliche Landwirte, finanziert von der oberbayrischen Regierung und den Verbänden.

Durch all diese Maßnahmen stieg auch der Bekanntheitsgrad des Haarmooses. Der zunehmende Besucherdruck seit Ende der 1980er-Jahre erforderte eine örtliche und zeitliche Lenkung (Wegegebot). Die entsprechende Verordnung – erstmalig für Bayern – wurde zum Vorbild für vergleichbare Gebiete. 1999 wurde zur Optimierung der schonenden Bewirtschaftung ein Pflege-und Entwicklungsplan erstellt. Das von der Europäischen Union geförderte „Interreg II-Projekt" umfasst auch die naturverträgliche Unterhaltung der Vielzahl von Entwässerungsgräben, die das Haarmoos durchqueren. Nur ein funktionierendes Grabensystem garantiert das Offenhalten der Wiesen und damit den Erhalt des Wiesenbrüter-Lebensraumes. Weitere biotopverbessernde Maßnahmen wurden in den letzten Jahren vom Bund Naturschutz und Landesbund für Vogelschutz durchgeführt. Als Beispiel gilt hier die Anlage von Flachwassermulden für Watvögel oder Maßnahmen zur Entbuschung. 2008 wurde im Auftrag der Regierung von

Oberbayern über den Landesbund für Vogelschutz (LBV) eine Störungsanalyse in Auftrag gegeben und ein Konzept für besucherlenkende Maßnahmen erstellt, deren sichtbares Ergebnis eine Infostelle, eine Beobachtungsplattform und ein Beobachtungsschuppen sind.

Kiebitz & Co

Dem Haarmoos kommt als größtem Wiesenbrütergebiet in Südostbayern eine große Bedeutung für den Erhalt der biologischen Vielfalt zu. Um diese zum Teil stark gefährdeten Arten und Lebensräume zu erhalten, wurden – wie schon erwähnt – Naturschutzflächen gekauft. Eine weitere Trockenlegung der Feuchtwiesen und Niedermoorgebiete konnte so verhindert werden. Des Weiteren wurden mit Grundwasser gefüllte Kleinseggenriede angelegt. Diese sind wichtige Lebensräume für Wiesenbrüter, Amphibien und Wasserinsekten.

Zum Schutz und Erhalt der Lebensräume sind Pflegemaßnahmen unerlässlich. Die Feuchtwiesen werden ein- bis zweimal pro Jahr von Landwirten aus der Umgebung gemäht. Die Mahd findet zu unterschiedlichen Zeiten statt. Besonders die Wiesenbrüter finden durch den Wechsel von gemähten und ungemähten Wiesenbereichen optimale Lebensbedingungen vor.

Die feuchten Wiesenflächen beherbergen viele bodenbrütende Vogelarten wie Kiebitz, Großer Brachvogel, Wiesenpieper, Braunkehlchen, Bekassine und Wachtelkönig, die allesamt auf der Roten Liste Bayerns stehen. Neben extensiv genutzten Feuchtwiesen finden sich im Haarmoos intensive Glatthaferwiesen, Niedermoorflächen sowie kleine Gehölzgruppen und bruchwaldartige Feuchtwäldchen. Dementsprechend vielfältig ist die Flora mit zahlreichen seltenen und geschützten Arten wie zum Beispiel dem Knabenkraut, der Trollblume, dem Sonnentau und der Moosbeere. Schützenswerte Lebensgemeinschaften und Lebensräume!

Zur Wiedererkennung oder wenn Sie Kiebitz & Co nicht gleich entdecken: Im Infostadl kann man die melodischen Rufe der verschiedenen Wiesenbrüter interaktiv abrufen.

Streuwiesenmahd

Die Streuwiesen hatten früher einen viel höheren Wert für die Landwirte, da sie das Mähgut im Stall verwendeten. In der Massentierhaltung haben die meisten Viehställe allerdings Spaltenböden, auf denen die Tiere stehen und deswegen wird keine Einstreu mehr gebraucht. Hier im Haarmoos ist es eine glückliche Fügung, dass es Bauern gibt, die auch weiterhin Einstreu für ihre Kühe verwenden.

Die Pfeifengras-Streuwiesen im Haarmoos werden nur einmal spät im Herbst gemäht und dürfen nicht gedüngt werden. Viele Pflanzen auf den Streuwiesen gelangen erst spät im Jahr zur Samenreife oder speichern genug Nährstoffe für den Austrieb im nächsten Jahr. Ihr spärlicher, weniger nahrhafte Aufwuchs wird als Stalleinstreu verwendet. Namensgebend für diesen Wiesentyp ist das hochwachsende Pfeifengras.

Im Haarmoos werden unterschiedlich bewirtschaftete Flächen angelegt. Einige davon werden einmal bis zweimal gemäht und nicht oder kaum gedüngt. Kräftig grün gefärbt sind dagegen intensiv genutzte Flächen, die mehrfach gemäht und auch gedüngt werden. Wiesenbrüter schätzen ein Mosaik aus beiden. Die extensiv genutzten Wiesen brauchen sie, um in Ruhe brüten zu können. Außerdem bieten ihnen die spät gemähten Bereiche ausreichend Deckung und Schutz vor Feinden. Die früher gemähten Wiesen und intensiveren Stellen suchen die Wiesenbrüter gerne zur Nahrungssuche auf. Allerdings ist der Anteil an extensiv genutzten Flächen entscheidend für den Erhalt der seltenen Wiesenbrüter. Deshalb ist es enorm wichtig, dass Förderungsprogramme für die Landwirte Entschädigungen für die mühselige Arbeit bereithalten.

Ainringer Moos

Ainringer Moos

Das Ainringer Moos liegt in einer Senke zwischen Ainring und Thundorf an der alten Römer- und Salzstraße. Das Moor am Fuße des Högl ist heute wie damals eine ganz besondere Landschaft, allerdings präsentiert sich das Moos heute in einer völlig veränderten Form. Nach seiner rigorosen industriellen Nutzung wurden 2003 große Teile des Areals renaturiert und beherbergen immer mehr teilweise äußerst seltene Tier- und Pflanzenarten. Aber auch auf den Menschen hat das Ainringer Moos schon immer eine ganz spezielle Anziehungskraft ausgeübt, zum Beispiel als Kultstätte oder mystischer Ort von Sagen und Märchen. Der Stopp des Torfabbaus hat in den letzten Jahren die Schaffung einer vollkommen veränderten Naturlandschaft und für Technikfreunde die Wiederbelebung der ehemaligen Feldbahn möglich gemacht. Der Verein „Freunde Ainringer Moos“ engagiert sich für die Pflege und den Schutz der noch verbliebenen Moorlandschaft. Die Natur hat die Chance genutzt und sich nicht lange bitten lassen: In kurzer Zeit ist ein neuer Lebensraum entstanden, der mit vielen kleinen und großen Überraschungen aufwartet.

Wie es begann

Das Ainringer Moos hat seinen Ursprung in der letzten Eiszeit vor etwa 12 000 Jahren. Das Eis eines Ausläufers des Salzach-Saalach-Gletschers schob sich über den Högl hinweg und fräste am Nordrand eine weite Senke aus. Den Boden bildete das Geschiebe, überdeckt von Schluff und Ton. Unter Einwirkung von Niederschlägen und Überschwemmungen aus den Quellen der umgebenden Hänge bildete sich ein Versumpfungsmoor. Abgestorbene Pflanzenteile, vor allem Schilf, Riedgräser, Sumpf- und Wasserpflanzen zersetzten sich nicht zu Humus, sondern verflochten Schicht um Schicht. Das Ainringer Moos ist ein Niedermoor, das ausgesprochen langsam gewachsen ist. Am Nordostrand hat sich sogar ein Hochmoor gebildet, weil hier das Moor über den Grundwasserspiegel gewachsen ist und sich das Torfmoos, das allein vom Regenwasser genährt wird, durchsetzen konnte.

Völker kamen und gingen

Die Gegend um den Högl war schon nach der letzten Eiszeit Lebensraum für steinzeitliche Jäger und Sammler. Zum Ende der Jungsteinzeit erfolgte allmählich der Wechsel zu Ackerbau und Viehzucht.

Steinzeitliche Bauern, die sich am Fuße des Hammerauer Auhügels ansiedelten, jagten in dem von Tümpeln und Seen durchzogenen Sumpfmoor. Gegenstände aus der Jungsteinzeit, wie eine in Heidenpoint gefundene, polierte steinerne Axtklinge, belegen, dass die Moorgegend schon damals begangen und bejagt wurde. Gefunden wurde auch eine schön geformte Bronzenadel aus der gleichnamigen Zeit (2200–800 v. Chr.), die zum Zusammenhalten der Fellkleidung diente und vermutlich als Opfergabe dem Moor überlassen wurde. Messer, Speer und Pfeilspitzen sowie verschiedene Tongefäße, die ausgegraben wurden, weisen ebenfalls darauf hin, dass im Moos gejagt wurde. Sie gründeten in der Nähe eine Stadt, die später von den Römern als Iuvavum erweitert und sich zum Vorgänger der heutigen Stadt Salzburg weiterentwickelt hat. Etwa 15 v. Chr. übernahmen die Römer die Herrschaft in der Region und bauten die Siedlungen und das Straßennetz der Kelten aus. Die Römerstraße nach Augsburg verlief am Nordrand des Ainringer Moores von Salzburg in Richtung Rosenheim. Zwei Fundstücke, die man im Ainringer Moor aus dieser Zeit fand, sind eine Gewandfibel und ein Salbenreibstein. Möglicherweise haben Durchreisende diese Gegenstände verloren. Nach dem Ende der römischen Kultur sollte es noch einige Jahrhunderte dauern, bis sich eine neue Epoche der Hochkultur entwickeln konnte. Etwa 500 n. Chr. zogen die Bajuwaren ins Land. Der Ort Ainring wurde 788 n. Chr. erstmals urkundlich erwähnt. Die Landesherren waren in der folgenden Zeit die immer mächtiger werdenden Erzbischöfe von Salzburg, die Zehent und Frondienst von den Bauern forderten. Im 14. Jahrhundert konnten die Bauern das Erbrecht für ihre Güter vom Erzbischof käuflich erwerben, aber erst ab dem 17. Jahrhundert besaß fast jeder Bauer im Ainringer Gebiet seinen Hof mit Erbrecht.

Was von den „Landesfürstlichen Kammerwaldungen" blieb

Ursprünglich standen das Ainringer Moos und die Pidinger Au unter der Verwaltung der „Landesfürstlich Salzburgischen Kammerwaldungen". Im Jahr 1810, nach den Napoleonischen Kriegen, kam Salzburg zu Bayern und das Moos mit weiteren Kammerwaldungen zum Revier Piding des Forstamtes Laufen. Nach der im Jahr 1816 erfolgten Auflösung dieses Amtes wurde das Revier Piding dem

Salinenforstamt Reichenhall zugeteilt. 1886 wurden dann alle Salinenwaldungen der königlichen Regierung von Oberbayern unterstellt. Erst 1908 wurde das Ainringer Moos aus dem Verband des Forstamtes Reichenhall gelöst und dem Forstamt Teisendorf zugeordnet.

Torf als Brennstoff

Der professionelle Torfstich im Ainringer Moos wurde bereits Anfang des 20. Jahrhunderts begonnen. Bauern lieferten den von ihnen gestochenen Brenntorf an die Saline in Bad Reichenhall, die Kalkbrennerei Ebner in Rott und die Hufeisenschmiede in Hammerau. Da nach dem Ersten Weltkrieg Brennmaterial ausgesprochen knapp war, entschloss sich die Staatsregierung zu einem Notstandsprogramm und gründete 1920 die Bayrischen Landestorfwerke. 1920 begannen die Arbeiten im Ainringer Moos. Zunächst konzentrierte man sich auf den Nordrand des Moores, da man die Nähe zum Bahnhof nutzen wollte. Die Rodungen wurden im Lauf der Jahre immer weiter nach Süden hin ausgeweitet. Gleichzeitig begann man mit der Entwässerung des Moores und der Tieferlegung und Regulierung der kleinen Sur von Gessenhart bis zur Thurndorfer Mühle. Vorerst wurde Torf nur mit den Händen gestochen, im Zuge der allgemeinen Industrialisierung setzte man nach und nach immer wirkungsvollere Maschinen ein. In den ersten Jahren baute man nur Brenntorf ab. Dabei wurde damals im Moos auch eine Torfformmaschine mit Seilausleger verwendet, für deren Antrieb eine Dampfmaschine zur Verfügung stand. Die gewonnenen Torfsoden wurden mit dem Schubkarren zur mittlerweile errichteten Feldbahn und von weiter zu den Torfhütten oder Torfhaufen gefahren. Dort wurden sie im Bundverfahren eingelagert. Die Torfhütten hatten ein Ausmaß von 12 Metern Länge und 3,5 Metern Breite, das Fassungsvermögen betrug etwa 120 Kubikmeter. Anfang der 1960er-Jahre standen 248 derartige Hütten im ganzen Moos. Brenntorf erwies sich bald wegen seines geringeren Heizwertes gegenüber Kohle als unrentabel. Die Gewinnung wurde deshalb wieder eingestellt und man ging zur Streutorfgewinnung über.

Torf für Gärtner

In den Jahren 1923 bis 1924 wurde in Ainring der Bau der Torfstreufabrik in Holzkonstruktion ausgeführt. Als Antriebskraft für die Maschinen im Werk diente damals eine Dampfmaschine. Der Bedarf an Arbeitskräften im Torfabbau konnte aufgrund der hohen Arbeitslosigkeit nach dem Ersten Weltkrieg aus der umliegenden Gegend gedeckt werden. Bald bildete sich eine Stammbelegschaft.

Durch Einberufungen zur Wehrmacht während des Zweiten Weltkrieges war die Personalstärke jedoch zuletzt bis auf 12 Mann zurückgegangen. Anfang der Fünfzigerjahre schwankte die Belegschaftsstärke zwischen 50 und 60 Personen. Da viele Arbeiter die Altersgrenze erreichten und andere abwanderten, setzte man im Torfabbau auch Häftlinge der Strafanstalt Laufen-Lebenau ein. Mit der Einstellung des Handstiches im Jahr 1970 wurde auch die Beschäftigung von Sträflingen im Moos beendet.

Sackabfüllanlage und Mietenbau

1959 wurde der aus Holz errichtete Mittelteil der Fabrik abgerissen und durch einen Massivbau ersetzt. Im selben Jahr baute man eine Abfüllanlage für große Säcke ein. Nach dem Umbau der Fabrik konnte die Stundenleistung auf etwa 60 Ballen erhöht werden. 1963 bis 1964 wurde der Mietenplatz (Torflagerplatz) entlang der Maschinenhalle hergerichtet und die dazu benötigte Gleisanlage erstellt. Der sogenannte Mietenelevator war eine Maschine mit einem 12 Meter hohen Förderturm, 38 Meter langen Auffahrtsrampen von 8 Metern Breite. Die komplette Anlage fuhr auf vier Gleisen mit eigenem Antrieb. Die sogenannte Miete, wie die spezielle Lagerungsform genannt wird, war etwa 24 Meter breit, ungefähr 10 Meter hoch und wurde seitlich mit 5 Meter hohen Einfassungen umgeben. Die größten Torfmengen befanden sich in den Jahren 1967 und 1968 mit ungefähr 30 000 Kubikmetern „auf Miete". Nach Einstellung des Handstiches wurde auch der Mietenbau beendet und ausschließlich Frästorfabbau betrieben.

Auf- und Ausbau der Torfbahn

Zum Aufbau des Torfbahnnetzes im Jahr 1921 kamen nur die stärkeren Schienen mit 80 Millimetern Höhe von der Waldbahn Schliersee infrage. Diese Waldbahn hatte in aller Eile errichtet werden müssen, um die im Jänner 1919 von einem Föhnsturm umgeworfenen 170 000 Festmeter Holz aus den Bergen ins Tal transportieren zu können. Danach wurde die Bahn wieder abgebaut und die Schienen sowie das technische Gerät veräußert. Man verlegte in Ainring vorerst 1,5 Kilometer Gleise, zum weiteren Gleisausbau wurde das ganze Gelände planiert, auch die Schwellen mussten von Hand gehackt werden. Seit 1958 stand eine Mehrzweckmaschine zur Verfügung, mit der man die Flächen planieren, beim Torfstechen den Abraum beseitigen und sogar Gräben ziehen konnte. 1960 kam ein Sodensammler dazu, ein selbstfahrendes Förderband mit 1,20 Meter

breiten und 5 Meter langen Raupen, einem Gewicht von 13 Tonnen und einer Länge von 58 Metern. Diese Maschine fuhr über die Abbaufelder und transportierte die von der Hand aufgeworfenen Soden zu den bereitgestellten Rollwagen. Der Fuhrpark bestand 1945 aus einer Lokomotive mit Benzinmotor und 21 Torfwagen, davon 6 Stück mit nur 3 Kubikmetern Fassungsvermögen, die man hauptsächlich zum Transport von Brenntorf verwendete. Im Laufe der Jahre konnten immer wieder größere Mengen Gleise und Wagen beschafft werden. Das Material kam aus Schönram, Spiegelau im Bayerischen Wald, dem Haspelmoor bei Augsburg, von der Waldbahn Bayrischzell, der Waldbahn Fall bei Lenggries und vom Kohlebergwerk Peißenberg, von dem auch die noch vorhandenen Lokomotiven stammen.

Der „Moosbahnhof" wurde in den Jahren 1972 und 1973 angelegt und der Durchbruch bei der Mineralinsel erfolgte ab 1977. Mit 13 Kilometern Länge erreichte die Moorbahn ihre größte Ausdehnung, deren Verkehr über 38 Weichen abgewickelt wurde.

Graugänsekolonie

Das Torfwerk

Ende 1968 ging das Torfwerk samt Personal, Inventar und Torfabbaurechten in den Besitz der Bayerischen Berg-, Hütten- und Salzwerke über. Die Vermarktung übernahm ab 1971 bis zur vollständigen Einstellung des Torfabbaus im Jahr 2003 die Tochterfirma EUFLOR GmbH. Die Industriegleisanlage am Torfwerk wurde wiederholt ausgebaut, zum letzten Mal 1972. Wegen der zunehmenden Motorisierung und der Verladung auf Lastautos wurde das gesamte Industriegleis samt Waggonwaage 1990 wegen Unrentabilität abgebaut und verschrottet. Jahrzehntelang war das Torfwerk der zweitgrößte Arbeitgeber in der Gemeinde. Über mehr als 40 Jahre wurden bis zu 90 Hektar des Ainringer Mooses zum Frästorfabbau genutzt. Durch billigen russischen, weißrussischen und baltischen Torf war die Torfgewinnung in Ainring nicht mehr wirtschaftlich, der Torfabbau wurde wesentlich früher als geplant im November 2002 endgültig eingestellt.

Mit der Mechanisierung stirbt das Moos

1967 baute der Techniker Stefan Kraller einen dreiachsigen Ernteschieber mit einer Breite von 6 Metern. Mit zwei 5 Meter breiten Stachelfräsen konnten ab 1973 und ab 1978 sogar mit einer 8 Meter breiten, selbstfahrenden Torffräse in kurzer Zeit etwa 90 Hektar abgebaut werden. Der Frästorfabbau leitete dann die endgültige Zerstörung der Niedermoor-Landschaft ein. In den 90er-Jahren gingen die abbauwürdigen Torfvorräte zu Ende und man begann damals schon mit dem Gleisstreckenabbau. Allmählich wurde auch mit der Wiedervernässung abgebauter Torfflächen begonnen. Die Wunden, die der Frästorfabbau in der Natur hinterlassen hat, sind zwar noch heute unübersehbar, aber schon bald nachdem sich Wasser über die zerstörten Flächen ausgebreitet hatte, entwickelte sich ein über alle Erwartungen hinausgehender artenreicher Lebensraum.

Erinnerungen

Ein Zeitzeuge der Geschehnisse im Ainringer Moos ist Robert Winterer, der zwar nicht im Moos beschäftigt war, aber seit seiner Kindheit direkter Anrainer ist. Er kann sich noch an Entwicklungen im Moos erinnern, die viele Menschen in der Region geprägt haben. Winterer erzählt: „Im Herbst wurde der Torf mit großen Fräsen aufgeraut und über den Winter liegen gelassen. Im Frühjahr hat man ihn auf das Fließband gezogen und als Streutorf in einen der Züge verladen. Wenn der Torf aufgesprengt war, das heißt von der Kälte gefroren, dann wurde er zum Torfmull. Er wurde aufgeraut und dann auf dem Boden liegen gelassen. Dieser Torf wurde in Ballen gepresst und so ausgeliefert. Torfmull war bald sehr beliebt zum Lockern der Erde, ebenso als Dünger, aber auch zum Einstreuen für die Tiere im Stall. Insgesamt waren damals an die 60 Menschen im Ainringer Moor mit diesen Arbeiten beschäftigt!"

Winterer erzählt auch noch von den Kinderstreichen, die den Arbeitern damals das Leben noch schwerer gemacht haben, als es ohnedies war. Wenn der Vorarbeiter nicht zu sehen war, spielten die Kinder gerne mit der Bockerlbahn, obwohl das streng verboten war. Die Spiele endeten hin und wieder mit dem absichtlichen Versenken einer Lore oder gar einer Lok in einer der vielen Gruben. „Die Arbeiter schimpften und fluchten dann über die zusätzliche Plagerei und die Kinder versteckten sich und freuten sich diebisch. Natürlich war ich bei solchen Spielen nie dabei", fügte er mit breitem Grinsen hinzu.

Winterer erinnert sich: „In den damals noch kalten Wintermonaten der Kriegszeit und auch danach fehlte es an fast allem Lebensnotwendigen. Es herrschte bittere Not und sogar das Heizmaterial war knapp. Da kam uns der Torf gerade recht. Der Torf war ja ein sehr gutes Brennmaterial, er wurde in der heißen Jahreszeit gestochen, damit ihn die Sonne trocknen ließ, so schrumpfte der Torf ein und wurde ein dem Holz ähnliches, hartes Brennmaterial. Als mit den Zentralheizungen und dem Aufkommen von Öl als Heizmaterial immer mehr Komfort in die Privathäuser zog, wurde auf den Brennstoff Torf immer öfter verzichtet. Man kann sagen, dass ab 1967 Torf als Brennstoff nicht mehr gestochen wurde!“

Allerdings haben Ainringer Bauern bis 1950 als Nebenerwerb selbst Torf gestochen und abgebaut. „Ungefähr 2–4 Meter hoch wurde damals Torf abgebaut. Um einheitlich Wasen [Torfstücke] zu erzeugen, hatten lange Zeit die Stecheisen mit 9 Zentimetern eine einheitliche Größe!“ Robert Winterer ist selbst in einem kleinen Haus am Rand vom Ainringer Moos aufgewachsen und seine Eltern haben, wie die meisten hier, Torf gestochen und zu Brennmaterial gemacht. Gemeinsam haben sie die Stapel mit den Wasen immer wieder umgebaut, um sie von allen Seiten der Sonne auszusetzen. Erst wenn die Wasen vollkommen trocken waren, wurden sie nach Hause geschafft. Robert Winterers Vater hat für die kalte Jahreszeit so um 30 000 Stück Wasen gestochen und mit der Hand heimgezogen. Auch Holzreisig brauchten sie zum Anheizen des Ofens. Winterer: „Wir, also die ganze Familie, waren so oft es ging zum Arbeiten auf den Feldern und Wiesen rund ums Moos. Wenn alle mit der Arbeit fertig waren, genossen wir Kinder die Freizeit und spielten so lange es hell war im Moos!“ Nicht nur die Bauern und die Arbeiter im Moos durften für private Zwecke Moor stechen, auch Privatleute konnten sich gegen geringe Bezahlung Brennstoff aus dem Moos holen. Das Moos lieferte aber nicht nur das Brennmaterial für die Menschen in der Umgebung. Winterer: „Auch die Beeren, die früher die Frauen im Moos sammelten, trugen ein wenig zur Aufbesserung des Haushaltsgeldes und des Speiseplans bei.

Damals fuhren die Frauen mit der Bockerlbahn ins Moos und sammelten viele Körbe voll mit Heidelbeeren, aber auch Moosbeeren waren gefragt. Die Beeren wurden verkocht und was übrig blieb, wurde verkauft. Die Leute waren damals so arm, dass sie sogar das Heidekraut gemäht und als Streu für den Stall oder zum Heizen verwendet haben!“

Freunde Ainringer Moos

Ein weiteres Urgestein im Ainringer Moos ist Sepp Winkler. Er hat 40 Jahre im Moos gearbeitet und ist mit Robert Winterer befreundet. Sepp Winkler, heute 92 Jahre alt, war auch ein Mann der ersten Stunde bei der Gründung des Vereins „Freunde Ainringer Moos“. Er hat maßgeblichen Anteil am Aufbau eines kleinen Moosmuseums und eines Schaustiches in der Nähe des Moosbahnhofs. Der 2003 gegründete Verein hat es sich zum Ziel gesetzt, alle Geschehnisse, die mit dem ehemaligen Torfabbau und der Natur im Ainringer Moos von der Entstehungsgeschichte bis hin zur aktuellen Renaturierung in Verbindung stehen, zu erforschen und zu dokumentieren. Auch wenn sich die Tätigkeit des Vereins heute vorwiegend auf Pflege- und Wartungsarbeiten beschränkt, so muss man dem Verein Pionierarbeit bescheinigen. Man hat es trotz aller Widerstände geschafft, die ehemalige Torfbahn als Industriedenkmal zu erhalten und sogar auszubauen. Eine Zeitreise mit der Bockerlbahn durch das Moos wird damit zu einem tollen Erlebnis für Jung und Alt. Der Verein unterstützt und fördert aktiv die Renaturierung der vormaligen Torf-Abbauflächen unter Berücksichtigung der Ansprüche des Naturschutzes und der Landschaftspflege. Im alten Torfwerk wurde ein Museum eingerichtet, das als Zeugnis vergangener Arbeitskultur für die Nachwelt erhalten bleiben und an die Leistungen der Menschen erinnern soll, die dort über Generationen hinweg schwerste Arbeiten verrichtet haben. Der Verein hat sich auch für die Pflege des Ainringer Mooses als Naherholungsgebiet und einer qualifizierten Besucherlenkung verpflichtet. Nicht zuletzt dank der wiederbelebten Torfbahn steigt das Interesse am Moos kontinuierlich an. Der Verein arbeitet eng mit regionalen und überregionalen Verantwortungsträgern zusammen, um das Ainringer Moos als Teil eines grenzüberschreitenden Biotopverbundes in seiner biologischen Funktion zu erhalten und zu stärken. Er möchte mit seinen Aktivitäten das Naturverständnis und die Umweltbildung fördern und zugleich das Heimatbewusstsein pflegen.

Am neu geschaffenen Ostbahnhof der Torfbahn kann man sich über die heimischen Vogelarten und über Libellen informieren. Neben der bestehenden Infotafel am Schau-Torfstich wird künftig zusätzlich dargestellt, wie man das Moor erleben und erfühlen kann – mit allen positiven Einflüssen des Moores auf Körper und Geist. Bei der Remise, dem Unterstand der Torfbahn-Waggons, werden neben der Geschichte des Moosvereins die bisherigen Aktivitäten dargestellt. Alle Ziele des Projekts unterstützte vor allem der ehemalige erste Bürgermeister von Ainring, Hans Eschlberger, der als aktives Mitglied der Ainringer Moosfreunde seine Funktion auch lebt. Mit den neuen Tafeln steht den Besuchern eine bedeutsame Erweiterung des bestehenden Informationssystems im Moos zur Verfügung. Somit wurde eine Steigerung der Attraktivität der Moore geschaffen, da die Tafeln in ihrer leicht verständlichen Gestaltung einen großen Lehrwert sowie die Sensibilisierung für Fauna und Flora der engeren Umgebung bieten. Durch das zusätzliche Angebot an Informationen wird nachhaltig geschichtliches Wissen vermittelt. Entwickelt wurden die Inhalte des Informationssystems aufgrund des langjährigen Erfahrungsaustausches gemeinsam mit dem Bürmooser Torferneuerungsverein. Eine zusätzliche Belebung und Stärkung eines für das Moor verträglichen Tourismus ist durchaus gegeben.

Das Landkärtchen ist recht selten zu sehen

Der Natur auf der Spur

Auf dem Moorerlebnispfad entdeckt man Schritt für Schritt die Geheimnisse des Ainringer Mooses. Die Besucher erfahren, wie Moore entstehen, lernen eine einzigartige, bisher kaum bekannte Tier- und Pflanzenwelt kennen. Sie erfahren, wie und warum Menschen das Ainringer Moos verehrt, gefürchtet, genutzt, aber auch zerstört haben und was man heute zu seiner Erhaltung beziehungsweise Wiedergenesung unternehmen kann. Der Moorerlebnispfad ist ein Rundgang für die Sinne, er ist 4,5 Kilometer lang, der Abstecher zum Torfmuseum erfordert zusätzliche Muskelkraft für einen weiteren Kilometer. Hier bietet sich die Rückfahrt mit der Bockerlbahn an (Betriebszeiten vorher erfragen!). Der Weg ist auf weiten Teilen mit Kies und Hackschnitzeln ausgelegt und ausgesprochen gemütlich begehbar, mit dem Kinderwagen ist er nur bedingt befahrbar, mit dem Rollstuhl leider gar nicht. Auf dem Rundweg und auf dem Weg zum Torfmuseum informieren Schautafeln mit interessanten und wissenswerten Fakten zu den Lebensräumen des Ainringer Mooses und seiner industriegeschichtlichen Bedeutung. Ein Jausenplatz bei der alten Eiche mit Ausblick über das Moos lädt zu einer willkommenen Rast inmitten der Natur ein. Höhepunkte der Wanderung sind im wahrsten Sinn des Wortes zwei Aussichtstürme, der eine am Ostrand des Moores, der andere, „Moorobservatorium“ genannt, im Norden. Beide bieten jeweils grandiose Einblicke in das Naturjuwel. Mit etwas Glück kann man von den Aussichtsplattformen einen Teil der mittlerweile heimischen Brachvogelkolonie oder einige Graugänse bei ihren Flugvorführungen beobachten. In der Nähe des Observatoriums steht den Besuchern auch ein Moortretbecken zur Verfügung, in der man das Moorgefühl hautnah erleben kann. Ein besonderer Spaß, nicht nur für Kinder!

Es ist ein spannender Rundweg, der aus dem schattigen Moorwald immer wieder faszinierende Blicke in das eigentliche Moos gewährt. Als Ausgangspunkt sollte idealerweise der Parkplatz hinter dem Ainringer Schwimmbad (gut beschildert) gewählt werden, da hier die einleitenden Schautafeln umfangreiche Vorabinformationen vermitteln.

Der Moordrache vom Schönramer Filz

In der Nähe von Laufen hielt sich vor langer Zeit im Filze zu Schönram ein mächtiger Lindwurm auf, der die gesamte Umgebung mit Furcht und Grauen erfüllte. Wochen- und monatelang schlief das Untier in seiner vom Volk ängstlich gemiedenen Behausung und rührte sich nicht, nur das rasselnde Schnarchen des Ungeheuers drang nach draußen. Wenn aber der Hunger den scheußlichen Lindwurm aus dem Schlafe weckte, kam er aus seiner schlammigen Behausung gekrochen und alle Lebewesen, ob Mensch oder Tier, die in den Bereich seines giftigen Pesthauches gerieten, waren verloren. Betäubt fielen sie zu Boden und wurden eine Beute des schrecklichen Drachens.

Um zu verhindern, dass das gefräßige Untier aus dem Moor herauskomme, in der Gegend umherstreife und so noch größeres Unheil anrichten würde, beschlossen die Bewohner, ihm sein Futter, Ochsen und Kühe, vor das Sumpfloch, in dem das Ungetüm wohnte, zu bringen. Aber der Futterverbrauch des Drachens war so gewaltig, dass sich die Viehbestände der Bauern bedenklich verringerten. Da entschloss man sich, den Versuch zu wagen, den Lindwurm zu töten.

Ein ausgehungerter Ochse, dem man einen Futtersack vor dem Maule anbrachte, sollte mit verbundenen Augen zu der Stelle getrieben werden. Um seinen Leib wurden mehrere Säcke mit ungelöschtem Kalk gebunden, in der Hoffnung, der Drache werde sie beim Fressen samt dem Ochsen hinabschlingen und daran zugrunde gehen. Es erhob sich nun die Frage, wer den Ochsen in die Nähe des Drachens treiben sollte. Das war ein gefährlicher Gang, denn wenn der verderbliche Hauch des Untiers den Treiber erreichte, war er verloren. Daher sollte das Los entscheiden. Es traf den Schulzen des Ortes, der sich unter dem Jammer seiner Familie anschickte, den gefährlichen Weg anzutreten. Da sprang ein junger Bursche vor, der die Tochter des Schulzen liebte, und erklärte sich bereit, an seiner Stelle den Gang zum Drachen zu unternehmen. Er hoffte im Falle des glücklichen Gelingens die Hand der Geliebten zu erringen.

Nachdem er eine lange Leine um einen Baum geschlungen und das andere Ende an seinem Gürtel befestigt hatte, trieb er, mit einem langen Spieß bewaffnet, den Ochsen vor sich her. Mit Bangen blickten ihm die Dorfbewohner nach und harrten auf den Ausgang des gefährlichen Wagnisses. Als der Ochse in die Nähe der Drachenbehausung gekommen war, witterte der hungrige Lindwurm seine Beute und kam aus seinem Sumpfloch heraus. Noch ehe der Ochse sich umwenden konnte, hatte er ihn mit seinen Krallen gepackt

und zog ihn in seine Behausung hinein. Der Jüngling hatte zwar seinen Speer gegen das Ungetüm geschleudert, aber der prallte vom dicken Schuppenpanzer des Tieres ab.
Während aus dem Loch das Krachen der Knochen und das würgende Schlingen des Lindwurms zu hören war, verspürte der Jüngling wie ihm allmählich die Besinnung schwand. Ein Hauch des verpesteten Atems war auch zu ihm gedrungen und drohte ihn zu betäuben. Rasch suchte er sich an der Leine nach rückwärts zu ziehen, jedoch schon nach wenigen Schritten brach er zusammen. Aber die Dorfbewohner, die am Ende der Leine standen, hatten den Vorfall bemerkt und zogen ihn, allen voran die Tochter des Schulzen, an der Leine aus dem vergifteten Bereich auf sicheren Boden zurück.
Aus dem Moor vernahm man noch das Schlürfen und Schmatzen des Drachens, der aus einer Lache seinen Durst stillte. Dann erscholl ein Heulen und Brüllen, ein Schlagen und Toben – der Kalk tat seine Dienste. Als nach einiger Zeit Ruhe eintrat, wusste man, dass der Lindwurm verendet war. Aber die Gefahr war damit noch nicht vorüber. Das Wasser im Moor führte Unrat von dem verwesenden Drachen mit und brachte die Pest unter die Leute.
Erst als die Seuche erloschen war, kehrten wieder Ruhe und Frieden ins Land. Sogar der junge Bursche, der den Weg zum Drachen getan, erholte sich bald wieder; er war dem tödlichen Wirken des Pesthauches entgangen und erhielt die Tochter des Schulzen zum Lohn für seine mutige Tat.

Nach einer mündlichen Erzählung
von Alfred Jacoby aus Fridolfing.

Die versunkene Stadt

Nicht immer hat die Stadt Salzburg an der Stelle gestanden, an der sie heute steht, einstmals stand sie, eine römische Siedlung, Castrum Juvavum geheißen, dort, wo sich heute das öde Moor längs des Unterberges hinzieht. Die Stadt war vor mehr als zweitausend Jahren zu stolzer Größe emporgewachsen, aber mit ihrem Emporstieg waren auch die Sittenlosigkeit und die Völlerei und alle Laster, welche die Jagd nach dem Geld und der Neid im Gefolge haben, dort mehr und mehr gewachsen. Die Sündenlast der Stadt stieg und stieg und als man weder die Altäre der Götter noch den des eigenen Gottes mehr ehrte, brach ein furchtbares Strafgericht über die sündige Stadt herein. Mit Mann und Maus versank die ganze Stadt in dieser einen Schreckensnacht und seitdem erhebt sich dort ein weites, ödes Moor. Der Erzbischof Johann von Thun ließ nach der versunkenen Stadt graben und man sieht heute noch eine Inschrift an einer Mauer, die sich vom Mönchsberg unweit des Daun-Schlosses herunterzieht, von der man die Sage ableitet. In manchen Nächten soll es dort heute noch nicht geheuer sein, denn die Geister der Versunkenen treiben an dieser Stätte unheimlichen Spuk und verlocken den arglosen Wanderer mit Irrlichtern, um ihn in die unergründliche Tiefe zu ziehen.

Quelle: Karl Adrian „Alte Sagen aus dem Salzburger Land“, Wien/Zell am See/St. Gallen, 1948, S. 114.

Fuschlseemoor

Naturschutzgebiet Fuschlseemoor

Am nordwestlichen Ende des Fuschlsees liegt das Fuschlseemoor. Auf den feuchten, ungedüngten Niedermoor-Streuwiesen ist noch eine Blumen- und Insektenvielfalt vorhanden, wie sie auf den intensiv bewirtschafteten Wiesen längst nicht mehr zu finden ist. Dementsprechend groß ist auch das Nahrungsangebot für Vögel. Der Große Brachvogel, der im April seine Balzflüge unternimmt, brütet dort. In den Schilfbeständen sind Rohrsänger wie die Rohrammer oder der Teichrohrsänger heimisch. Direkt am See tummeln sich die Stockente, der Haubentaucher und andere Wasservögel. Auch Zugvögel wie etwa der Wiesenpieper oder der Steinschmätzer machen gerne im Moor Station. Das war aber nicht immer so, denn im Südteil des Fuschlseemoores wurde über 25 Jahre lang nicht gemäht, dadurch haben sich die ehemaligen Streuwiesen verfilzt. Schilf, Stauden und andere Gehölze breiteten sich rasch aus und bedrohten geschützte Arten. Als Ausgleichsmaßnahme für ein Bauprojekt im Landschaftsschutzgebiet wurde die vernachlässigte Streuwiesenlandschaft renaturiert. So wurde sichergestellt, dass auf etwa 3,2 Hektar die traditionelle Streuwiesenmahd im Herbst wieder durchgeführt werden kann.

Der Rundweg beginnt idealerweise beim Parkplatz nahe der Hundsmarktmühle (geringe Gebühr) und führt über eine kleine Brücke zum Naturbadeplatz am Fuschlsee. Weiter führt der Rundweg, der mit vielen Infotafeln auf die Charakteristik der Landschaft hinweist, vorbei am Golfplatz zum Parkplatz Seebad. Bei den ersten Häusern von Baderluck hält man sich rechts. Auf der wenig befahrenen Straße geht es weiter bis nach Waldach, dort ist rechts abzubiegen. Dem talseitigen Straßenverlauf folgend, kommt man zurück zum Ausgangspunkt. Der Weg ist auch mit Kinderwagen und Rollstuhl befahrbar, die Runde dauert etwa 1 ¼ Stunden.

Blinklingmoos

Blinklingmoos am Wolfgangsee

100 Hektar umfasst das Naturschutzgebiet Wolfgangsee-Blinklingmoos, es erstreckt sich auf rund 2 Kilometern Länge entlang des südöstlichen Ufers des Wolfgangsees. Das Naturschutzgebiet setzt sich aus dem Gschwendtner Moos – ein artenreiches, als Streuwiese genutztes Niedermoor – und dem namensgebenden Blinklingmoos zusammen. Das Blinklingmoos ist ein urwüchsiges, über 8 000 Jahre altes Hochmoor und gehört zu den am besten erhaltenen Hochmooren der Ostalpen mit einer Torfmächtigkeit von über 8 Metern. Zu Beginn des 20. Jahrhunderts wurden im Hochmoor zahlreiche Gräben angelegt, um es zu entwässern und zu kultivieren. Auch wenn die Kultivierung dann nie umgesetzt wurde, leidet das Blinklingmoos noch heute an den damaligen Entwässerungsmaßnahmen. Weil die Gräben das für das Moor so überlebenswichtige Regenwasser ableiteten, ist der Wasserspiegel kontinuierlich gesunken. Gehölze

wie Birke, Kiefer und Fichte breiteten sich immer weiter aus. Dadurch wurden die typischen Hochmoorpflanzen verdrängt. Um diesen Prozess zu stoppen beziehungsweise wieder rückgängig zu machen, wurden und werden im Zuge eines Renaturierungsprojekts die Entwässerungsgräben abgedichtet. So gelang es, das Regenwasser im Moor zu halten und den Wasserspiegel auf das ursprüngliche Niveau anzuheben. 2020 folgte die zweite Etappe, in der der Damm der alten Ischlerbahntrasse, die bis ins Jahr 1957 mitten durchs Hochmoor dampfte, durch Schotter-Sickerriegel durchlässig gemacht wurde. Dadurch sollen der Teil südlich der Trasse und der Nordteil wieder zusammenwachsen. Nach Abschluss der Renaturierungsmaßnahmen kann das Moor wieder zu wachsen beginnen.

Um den Besuchern einen Überblick zu verschaffen, wurde an der günstigsten Stelle ein Aussichtsturm errichtet. Wohl nirgends sonst bekommt man einen so umfassenden Eindruck über das Hochmoor wie vom Aussichtsturm im Blinklingmoos. Auch das Panorama mit dem Zusammenspiel aus Moor, Schafberg und Wolfgangsee ist wohl einzigartig. Infotafeln geben Auskunft über das Hochmoor und seine Tierwelt.

Der Rundweg ab Strobl oder Abersee umfasst etwa 5 Kilometer und kann mit Kinderwagen und Rollstuhl gut befahren werden. Mehrere ausgeschilderte Wege stehen zur Verfügung. Das Blinklingmoos lässt sich sowohl mit dem Rad als auch zu Fuß gut erkunden, wobei Radler die Trasse der ehemaligen Ischlerbahn nutzen können, während Fußgänger das Blinklingmoos am besten vom idyllischen „Seewegerl" aus erleben.

Wasenmoos

Wasenmoos am Pass Thurn, Mittersill

Das Wasenmoos ist mit annähernd 16 Hektar die größte Moorgruppe im Bergland der Salzburger Schieferalpen. Im Osten des Pass Thurn gelegen, umfasst es etwa ein Dutzend Möser und besticht mit dem Blick aus 1 200 Metern nach Süden über das Salzachtal vor der prächtigen Kulisse der Hohen Tauern.

Die Verhüttung von Erzen in der Region erforderte den Einsatz von Unmengen an Brennstoffen. Als das Holz in den umliegenden Wäldern knapp wurde, setzte man vermehrt Torf zur Energiegewinnung ein. Also begann man in großem Umfang Torf zu stechen, pro Jahr etwa 450 Kubikmeter. In der ersten Zeit des Torfabbaus von 1781 bis 1819 wurde Brenntorf für das Vitriol-Sudwerk in der Kronau (Mühlbach bei Bramberg) gestochen. Nach einer massiven Absatzkrise für Kupfervitriol kam der kommerzielle Torfstich zum Erliegen und reduzierte sich auf die private Nutzung als Heizmaterial. In einer zweiten Phase von 1901 bis 1963 setzte der Torfabbau nochmals in großem Umfang ein. Allerdings

Hieflern und Hieflerfelder anno dazumal

wurde Torf nun vorwiegend als Einstreu in den Ställen verwendet. Dafür wurde 1904 eine Streutorfanlage errichtet. Anfangs hatte man die Torfziegel mit Tragekörben noch Hunderte Meter von den Trockenfeldern zum Werk getragen. 1907 wurde zur Erleichterung der Transportwege eine Feldbahn angelegt.

Das Vorkommen unterschiedlicher Moortypen – Flach-, Übergangs- und Hochmoore –, die eng mit Erlenbruchwäldern und den umgebenden Heidelbeer-Fichten-Wäldern verzahnt sind, bedingt das Nebeneinander zahlreicher verschiedener Lebensräume. Wenn auch teilweise durch menschliche Eingriffe wie etwa einen ehemaligen Torfstich oder die Anlage zahlreicher Entwässerungsgräben beeinträchtigt, beherbergt das etwa 180 Hektar große Gebiet eine beeindruckende Vielfalt an Tier- und Pflanzenarten, darunter auch die stark gefährdete Drachenwurz mit ihrem ausgeprägten Blütenstand. Nach Einstellung der Nutzung durch den Torfstich wurden 11,3 Hektar des Moores in den 1970er-Jahren vom Land Salzburg als Naturdenkmal ausgewiesen. Die geschützten Moorflächen im Wasenmoos wurden im Jahr 2004 mit dem internationalen „Ramsar"-Prädikat ausgezeichnet. Ein Prädikat, das Feuchtgebieten von internationaler Bedeutung zukommt.

Besucher können das Moor seit 2006 auf teilweise neu errichteten Wegen erleben. Die Entwicklung zur Aufschließung des Moores für Besucher begann 2002 mit Renaturierungsmaßnahmen. Zeitgleich erarbeitete das BORG Mittersill Ausstellungstafeln zum Thema „Wasenmoos & Co". Die erfolgreiche Kooperation veranlasste die österreichischen Bundesforste in Mittersill, ein Folgeprojekt zur Gestaltung eines Schauweges anzuregen, das eine Schülergruppe der 6. Klassen des Jahrgangs 2003/04 projektierte.

Im Gegensatz zu den Mooren in den Niederungen bedingt die Höhenlage des Wasenmooses eine verzögerte Vegetationsentwicklung. Hochmoore sind artenarm, nur wenige Pflanzenarten kommen mit den Lebensgrundlagen zurecht, vor allem in dieser Höhenlage. Dennoch sind Sonnentau, Fettkraut und Wasserschlauch – alle drei in Österreich heimischen „fleischfressenden" Pflanzen – im Wasenmoos zu bestaunen. Außerdem findet man hier sowohl die Hänge- und die Moorbirke als auch die Zwergbirke, was eine botanische Besonderheit darstellt. Auch die Tierwelt ist durch die starken Temperaturunterschiede zwischen Tag und Nacht und den langen Wintern häufig Stress ausgesetzt. Vor allem das Rotwild ist im Dauerfrost und bei hoher Schneelage gefährdet, nur der Rothirsch macht bei solchen Bedingungen einen kleinen Winterschlaf. Manche Tiere flüchten an besonders kalten Tagen in Talnähe, darunter Steinhuhn, Schneesperling, Alpendohle, Alpenkrähe und Uhu. Viele Insekten müssen auch im Sommer durch den starken Temperaturwechsel zwischen Tag und Nacht – vor allem im Moor – um ihr Überleben kämpfen.

Ausgehend vom Parkplatz der Mittelstation gibt es verschiedene Touren durch und rund um das Moor. Die Kleine Moorrunde zum Beispiel umfasst 2 Kilometer. Auf 15 informativen Schautafeln bekommt man umfassend Auskunft über das Moor. Eine Panorama-Aussichtswarte bietet einen herrlichen Blick auf die Hohen Tauern. Die Wege sind mit Einschränkung für das Befahren mit Rollstuhl und Kinderwagen geeignet. Im Winter ist der Weg als Loipe ausgewiesen.

Prebersee

Prebersee

Ein alpiner Moorsee

Während der letzten Eiszeit reichte der Murgletscher bis in eine Seehöhe von über 2 000 Metern. Die Eisdecke hatte im Lungauer Becken eine Dicke von 1 000 Metern. Nur die höchsten Gipfel wie etwa der Preber ragten aus dem Eis heraus und behielten ihre schroffe Form. Alle darunterliegenden Bereiche wurden von den Eismassen rund geschliffen. So entstanden sanfte Geländeformen und Mulden, die sich während des Schmelzprozesses, der vor rund 13 000 Jahren einsetzte, mit Schmelzwasser füllten. Es bildeten sich auf diese Weise viele Alpenseen, deren Verlandung im Laufe der Zeit zur Entwicklung von Mooren führte.

Eine dieser eindrucksvollen Moorlandschaften ist am Prebersee aus dieser Epoche übrig geblieben. Der alpine Moorsee am Fuße des Preber liegt auf 1 514 Metern Seehöhe und ist ein Naturjuwel im UNESCO-Biosphärenpark Lungau. Der reizvolle Weg rund um den See dauert in etwa eine Dreiviertelstunde

und ist eingeschränkt mit Kinderwagen und Rollstuhl befahrbar. Entlang dieses als Lehrpfad angelegten Weges fällt immer wieder der unstabile Untergrund auf. Dabei handelt es sich um Schwingrasenmoor, das am Seeufer als schwimmende Pflanzendecke in die offene Wasserfläche hinein wächst. Das dichte Wurzelgeflecht der Seggen und eventuell auch des Schilfs ermöglicht nicht nur ein horizontales, sondern auch ein vertikales Wachstum des Moores. Durch den Einfluss des nährstoffreicheren Seewassers entwickelt sich auf dem Schwingrasen eine ganz besondere Flora.

Die wechselnden Spiegelbilder des Preber im idyllisch gelegenen See machen diese Seerunde besonders reizvoll. Apropos Spiegelbilder: Am Prebersee findet alljährlich im August ein Wasserscheibenschießen statt, eine Schießsportart, bei der nicht direkt die Zielscheibe anvisiert wird, sondern deren Spiegelbild auf einer ruhigen Wasseroberfläche. Das von der Wasseroberfläche abprallende Projektil muss die über dem Wasser hängende Scheibe treffen. Wasser verhält sich bei hohen Geschwindigkeiten und flachem Aufprallwinkel des Geschosses wie

Schießscheiben am Prebersee

ein fester Körper, das Projektil wird im gleichen Winkel abgelenkt und trifft so hoffentlich das Ziel. Das hohe spezifische Gewicht des Moorwassers soll ebenfalls zu diesem Phänomen beitragen. Von einem Ufer des Sees wird auf das Spiegelbild der am anderen Ufer aufgestellten Zielscheibe geschossen. Das Wasserscheibenschießen wird allein am Salzburger Prebersee und am steirischen Schattensee praktiziert. Dieser liegt nur rund drei Kilometer Luftlinie vom Prebersee entfernt und soll, so die Legende, mit diesem durch einen unterirdischen Wasserlauf verbunden sein.

Die Schussdistanz beim Wasserscheibenschießen beträgt am Prebersee ungefähr 120 Meter. Die Distanz am Schattensee beträgt 107 Meter. Der Scheibenmittelpunkt befindet sich jeweils 50 cm über dem Wasserspiegel.

Moor statt Chemie

Alles Moor ist nicht gleich

Dass Moor eine heilende Wirkung besitzt, ist seit Langem bekannt. So gab es bereits vor dem Mittelalter spezielle Moorbäder, die insbesondere für Menschen mit Muskel- und Gelenkproblemen oder Hautirritationen äußerst hilfreich und heilsam waren. Nicht vergessen sollte man die Wirkung von Moor auf die Tiere. Heute gilt als sicher, dass die ersten Behandlungen mit Moor zuerst an Haus- und Nutztieren durchgeführt wurden. Haustiere waren schon im Altertum das wichtigste Kapital der Menschen, sei es als Helfer bei der Arbeit oder als Nahrungsmittel. Leider haben in den letzten Jahrzehnten Präparate der chemischen Industrie viele Naturheilmittel wie Moor und Kräuter vom Markt verdrängt, obwohl diese – richtig angewendet – kaum Nebenwirkungen aufweisen.

Die über Tausende Jahre im Moor konservierten, aber nicht immer gleich auftretenden Pflanzenzusammensetzungen können in ihrer Wirkungsweise recht verschiedene Rollen spielen. Wie heute auch, wuchsen damals wertvolle Kräuter

Torfstechen für die Therapieverarbeitung

und Gräser nur an bestimmten Stellen. Deshalb verfügen auch nur ausgesuchte Moore über all die Inhaltsstoffe, die für Heilmoor notwendig sind. Obgleich erste Heilversuche zwar bis in das Altertum zurückreichen, Moor als Heilmittel für bestimmte Erkrankungen hat erst Paracelsus ernsthaft empfohlen. Später sollen angeblich Soldaten Napoleons erste Moorbäder auf deutschem Boden errichtet haben. Im 19. Jahrhundert entstanden dann die ersten Moorbäder in zahlreichen europäischen Kurorten, unter anderem in Marienbad (1813), Franzensbad (1827) und Bad Aibling (1845).

Moor ist eines der ältesten und wirkungsvollsten Naturheilprodukte, das heute bekannt ist. Badetorf ist ein idealer Wärmespeicher, der die gewählte Temperatur lange hält und bei einem Bad gleichmäßig an den Körper abgibt. Wobei „wässrige" Moorbäder, die in der Badewanne angewendet werden, weniger wirksam sind als dickbreiige Moorbäder. Deshalb nutzt man Moorbäder als Überwärmungsbäder mit einer Temperatur bis zu 46 Grad Celsius, die in diesem Medium als weniger heiß empfunden werden. Nach 20 Minuten im Moorbad steigt die Körpertemperatur um etwa zwei Grad an, was künstlichem Fieber gleichkommt. Durch die Erwärmung des Körperkerns werden endokrine und vegetative Regelkreise beeinflusst, was sich indirekt positiv auf das Immunsystem auswirkt und den Stoffwechsel anregt. Außerdem wirkt so ein Moorbad durch seine Wärme entspannend für Nerven und Muskulatur. Das Moor wirkt in diesem Fall übrigens nicht nur äußerlich, sondern hat auch vielfältige Wirkungen auf innere Organe sowie Sehnen und Gelenke, angeregt wird ebenso das Herzkreislaufsystem.

Der Badetorf enthält unter seinen vielen Wirkstoffen entzündungshemmende Substanzen wie Huminsäuren. Dickbreiigen Moorvollbädern wird sogar eine gewisse Beeinflussung des Hormonhaushalts nachgesagt. Selbst bei Unfruchtbarkeit konnten statistisch relevante Erfolge nachgewiesen werden.

Für Rheumapatienten kann so ein Moorbad ein wahrer Genuss sein. Gelenkschmerzen und Versteifungen lassen sich damit lindern, manchmal verschwinden sie sogar vollständig. Nicht immer ist dabei ein Aufenthalt in einer der vielen Kuranstalten notwendig, um in den Genuss einer Mooranwendung zu kommen. Inzwischen werden auch spezielle Heimkuren angeboten, die innerlich oder äußerlich angewendet werden können. Für Gelenkschmerzen sind mit Moorerde gefüllte Kompressen ideal, die einfach in der Mikrowelle oder im Backofen erwärmt werden können. Wer Moor innerlich anwenden möchte, der findet im Handel eigens entwickelte Moortrünke, die entweder trinkfertig oder als Pulver zum Anrühren angeboten werden. Im Übrigen wirkt Moor nicht nur schmerzlindernd bei chronischen Erkrankungen wie beispielsweise dem Rheuma. Auch bei akuten Schmerzzuständen, wie sie beispielsweise im Zahn- und Kieferbereich oder nach Verletzungen auftreten, kann der Einsatz von Moor äußerst hilfreich sein.

Die Heilwirkung des Moores ist unumstritten – selbst Schulmedizin und Wissenschaft haben erkannt, dass die im Moor enthaltenen Inhaltsstoffe durchaus im Stande sind, Reizungen im Körper des Menschen zu beruhigen und zu lindern. Trotzdem muss empfohlen werden, sich beispielsweise bei Rheuma nicht ausschließlich auf die Heilung durch das Moor zu verlassen, sondern es als Ergänzung zu anderen Heilverfahren anzuwenden.

Im 19. Jahrhundert erst wurde die Heilwirkung des Moores bei vielen Krankheiten entdeckt. Heute weiß man, dass dabei physikalische, biologische und chemische Faktoren zusammenwirken. Wer in den gar nicht immer angenehm riechenden, braunen oder schwarzen Brei steigt oder sich eine Packung auflegen lässt, macht sich geballte Kräfte der Natur zunutze.

Moor gehört zu den Stoffen, deren Wärmebindung extrem hoch ist. Während heißes Wasser die Wärme sehr rasch an die Umgebung verliert, also auch an den Körper des Badenden, geschieht dies beim Moor erheblich langsamer. Deshalb kann ein Moorbad auch mit viel höheren Temperaturen genossen werden als ein Wasserbad: Ein Moorbad von 40 bis 42 Grad wird deshalb nicht heißer empfunden als ein Wasserbad von 37 Grad Celsius.

Weil die Wärme viel langsamer und gleichmäßiger abgegeben wird, dringt sie auch viel tiefer in den Körper ein. Untersuchungen haben ergeben, dass dem Körperinneren beim Moorbad siebenmal mehr Wärme zugeführt wird als beim Wasserbad. Diese in der Tiefe gespeicherte Hitze verflüchtigt sich nach dem Bad auch wieder sehr langsam, und es kommt oft zu einer bekannten Reaktion, dem Nachschwitzen. Außerdem fehlt beim Moorbad der hydrostatische Druck, also der Wasserdruck, fast völlig, wodurch der Wärme- und Stoffaustausch durch die Haut gesteigert wird.

Die lang anhaltende Wärmewirkung auch auf tief liegende Organe und Muskeln wird bei allen Krankheiten, die auf Wärme ansprechen, therapeutisch eingesetzt. Das sind in erster Linie rheumatische Erkrankungen der verschiedensten Art, Gicht, chronische Nervenentzündungen, Erkrankungen der Wirbelsäule und der Bandscheiben. Überhaupt werden Bewegungsstörungen, Unfall- und Operationsfolgen häufig mit Moorkuren behandelt. Wo immer der Muskel- und Bewegungsapparat – etwa nach Erkrankungen – wieder aufgebaut werden soll, ist eine solche Kur richtig.

Aber auch bei Frauenleiden ist die Moortherapie in vielen Fällen hervorragend geeignet. Die Überwärmung des Körperinneren löst eine Reihe von Reaktionen aus, zu denen vor allem eine wesentlich verstärkte Durchblutung von Gebärmutter und Eierstöcken gehört. Dadurch wird ein direkter Wachstumsreiz gegeben, der Reifungsprozess der Eizellen wird verstärkt, und es kommt zu einer Stimulierung und Vermehrung von östrogenen Substanzen. Moorbäder und -packungen werden deshalb auch bei chronischen Entzündungen im Unterleib,

Für Trinkmoor wird das Moor besonders gereinigt

Zyklusstörungen, schmerzhafter Menstruation, Entwicklungsstörungen in der Pubertät, Problemen des Klimakteriums und sogar bei Sterilität angewandt.

Dabei spielen auch die biologischen Bestandteile des Moores eine wichtige Rolle. 98 Prozent aller Feststoffe im Moor bestehen aus organischer Substanz. In ihr sind auch Östrogene und Steroide, also Sexualhormone, enthalten. Der Erfolg der Moorbehandlung bei ungewollter Kinderlosigkeit kann nicht bestritten werden. Durchaus willkommen sind auch die kosmetischen Nebeneffekte einer Moorkur. Die Haut wird stärker durchblutet und bekommt eine glatte Oberfläche, weil Moor eine leichte Gerbwirkung hat.

SonnenMoor

Eine Wanderung durch eine Moorlandschaft ist ein ganz besonderes Erlebnis, weil dieses Gebiet die volle Kraft der Natur beinhaltet und in einem Entwicklungszeitraum von etwa 12 000 Jahren entstanden ist. Inmitten eines Waldes oder frei in einer Senke liegend – jedes Moor ist faszinierend und vermittelt allein durch seine Aura ein Gefühl des Wohlbefindens. Selbst die Entstehungsgeschichte ist schon imposant. In Salzburg, am Fuße des Untersbergs, vollzog sich ein gewaltiges Naturschauspiel. Die Gletscherzungen bildeten sich links und rechts vom Untersberg und zogen sich bis Bayern und Oberösterreich. Nachdem sich die Ausläufer der Gletscher zurückgezogen hatten, entwickelte sich im Salzburger Becken ein See. In diesem See wurden wertvolle und an Inhaltsstoffen reichhaltige Pflanzen, Blätter, Bäume und Samen durch einen Prozess der Humifizierung, also unter Luftabschluss, zu Moor umgewandelt. So entstand in diesem Becken das wertvolle Salzburger Moor aus Leopoldskron, das von der Firma SonnenMoor ausschließlich für ihre Produkte verwendet wird.

Das Wissen um die Kräuter – ein gut gehütetes Geheimnis

Bereits seit über 150 Jahren wird in der Antheringer Familie Fink das wertvolle Wissen und die Faszination für die besondere Wirkung von Kräutern von Generation zu Generation weitergegeben.

Der Ururgroßvater des heutigen Inhabers Siegfried Fink war ein angesehener Naturheiler und gab sein Wissen an seine Tochter Katharina weiter. Diese wiederum vermittelte ihr Wissen über Wirkung und Anwendung der Kräuter ihrem Enkel Franz. Sie selbst galt als „Wenderin", die Menschen und Tieren mit Gebeten, Sprüchen, selbst gemischten Tees und Salben half. Franz Fink wuchs bei ihr auf und ging, als er 14 Jahre alt war, zur Arbeit auf den Bauernhof. Bei seiner Rückkehr aus dem Krieg lebte die Großmutter längst nicht mehr, Aufzeichnungen über ihre Rezepturen und Tätigkeiten waren verschwunden. Franz Fink brachte aus dem Krieg die besonders hartnäckigen Krankheiten Rheuma und Gicht mit. Diese wurden zwar mit Medikamenten behandelt, aber Nebenwirkungen wie Blähungen, Magen- und Darmbeschwerden, Nervenprobleme und extreme Verstopfung führten schließlich zu einem völligen Zusammenbruch.

Dieser Krankheitszustand und die Sorge um die Zukunft der Familie zwangen Franz Fink, einen anderen Weg als den der medikamentösen Behandlung zu gehen. Und so erinnerte er sich an die Großmutter, an ihre Arbeit und ihre Erfolge mit Kräutern. Da ihre Aufzeichnungen nicht mehr vorhanden waren, studierte er Kräuterbücher, in der Hoffnung, die für ihn richtigen Rezepte zu finden. Viele Anleitungen aus diesen Büchern probierte er aus, doch nur mit mäßigem Erfolg. Getrieben von innerer Kraft und dem Glauben an seine Genesung entwickelte er dann aus seiner Intuition heraus völlig neue, auf seine Probleme abgestimmte Rezepturen. Der Erfolg gab ihm Recht und bald konnte er auch anderen Menschen mit seinen Kräuterrezepten helfen. In der Wohnküche wurden damals die Kräuter gemischt und abgefüllt. Später kamen auch noch die Wirkstoffe des Moores hinzu. Bald entwickelte sich der Bedarf, Wissen und Können einer breiten Öffentlichkeit zur Verfügung zu stellen. Wurden die Produkte am Beginn noch unter dem Namen „Franz Fink" angeboten, kamen sie ab 1972 mit der heutigen Bezeichnung „SonnenMoor" auf den Markt. Heute betreibt Siegfried Fink, Urenkel der „Wenderin" Katharina Fink, das innovative Unternehmen.

Die richtige Mischung macht's

Über vier Jahrzehnte erforschte Franz Fink die Eigenschaften und Wirkungsweisen von Kräutern und Moor. Auf einzigartige Weise kombinierte er diese Wirkungsweisen in seinen Produkten für die innere und äußere Anwendung bei Tier und Mensch. In seinem autobiografischen Buch findet sich das gesamte Lebenswerk des vor einigen Jahren verstorbenen Naturkundigen. Darin werden viele Möglichkeiten zum Gesundwerden und -bleiben aufgezeigt. Man verspürt sein Engagement und die Begeisterung für eine ganzheitliche Gesundheitsvorsorge und -pflege. Das Buch regt auch zum Nachdenken an, wie es um die eigene Gesundheit bestellt ist, und vermittelt das Wissen, wie man mit einfachen Hilfen aus der Natur seiner Gesundheit Gutes tun, Schmerzen lindern und Lebensfreude wiedergewinnen kann.

Das von SonnenMoor verwendete Moor stammt aus dem Leopoldskroner Moor des Salzburger Voralpenlandes. Es gehört zu den wertvollsten Heilmoorvorkommen Europas und beinhaltet die Wirkstoffe von über 350 Heilkräutern. Einfach gesagt ist Moor ein vertorftes Produkt aus Kräutern und Pflanzen. Moor enthält wertvolle Huminsäuren, ätherische Öle, gesättigte und ungesättigte Fettsäuren, Wachse, viele Mineralien und Spurenelemente und antibiotisch wirksame Substanzen. Diese Wirkstoffe sind so hochwertig, dass keine Zusätze beigefügt werden müssen und keine chemische Konservierung notwendig ist. Es wird nicht thermisch behandelt und ist geruchs- und geschmacksneutral. Dadurch ist dieses Moor für die innere und äußere Anwendung bestens geeignet. Moor ist nicht ohne Grund eines der ältesten Heilmittel. Heilmoor wird in der klinischen Medizin als natürliches Heilmittel selbst bei schweren und chronischen Erkrankungen und in den unterschiedlichsten Anwendungsformen unterstützend eingesetzt.

Ein weiteres wichtiges und gesundes Moorprodukt ist das Trinkmoor, das auch in Küche und Backstube für gesunde Speisen und Gebäck verwendet werden kann. In dieser Form zählt es inzwischen zu den beliebtesten Anwendungen. Die Huminsäuren wirken absorbierend und binden Giftstoffe. Sie hemmen bestehende Entzündungen und wirken zusammenziehend auf die Schleimhäute des Magen-Darm-Traktes. Dadurch wird die Aufnahme von Giftstoffen über die Schleimhaut vermindert. Eine besondere Fähigkeit der Huminsäuren ist, die Nervenenden zu beruhigen. Spannungen und Verkrampfungen, die sich häufig in Schmerzen äußern, werden gelindert. Moor ist in der Lage, Magensäuren zu binden und Sodbrennen zu lindern. Bei kurmäßiger Einnahme normalisiert sich die Magensäureproduktion. Die Wirkstoffe des Moores werden schon nach kürzester Zeit vom Darm in den Blutkreislauf aufgenommen und können dann im Körper ihre Wirkung entfalten. Zusätzlich wird die körpereigene Produktion von Östrogen angeregt und normalisiert, was dem weiblichen Zyklus zugutekommt und Zyklusprobleme regulieren kann. Generell hat Moor eine wunderbar ausgleichende und harmonisierende Wirkung auf den gesamten Organismus, was sich auch positiv auf die Psyche auswirkt.

St. Felix – Heilen im und mit Moor

Eine weitere Heilung bringende Einrichtung in dieser an Mooren so reichen Region ist das Moorbad St. Felix in St. Georgen bei Salzburg. Das Heilbad hat eine höchst wechselhafte Geschichte hinter sich.

Seit nun über 90 Jahren existiert in Bruckenholz, einem kleinen Weiler der Gemeinde St. Georgen, ein kleines Moorbad. Die Heilmittel dafür stammen nach wie vor vom Bürmooser Moor, das hier mit den südwestlichen Ausläufern des Weidmooses zusammentrifft. Eigentliche Gründerin war Juliane Knoll, die bereits im beginnenden 20. Jahrhundert viel über die heilenden Kräfte des Moores wusste. Als sie von den weitreichenden Plänen erfuhr, Torf aus den Mooren der Region industriell abzubauen, entschloss sie sich kurzerhand, ein Stück der Moorlandschaft zu erwerben, um später ihr Wissen leidenden Menschen zur Verfügung zu stellen. Kurz vor dem Ende des Ersten Weltkrieges erwarb sie das ehemalige „Schneiderhäusl", ein kleines Sacherl mit zwei Nebengebäuden samt Waschküche. Zum Haus gehörten auch ein Garten mit angeschlossenem Weidegrund und eine Sumpfparzelle. Zwischen 1920 und 1923, nach umfangreichen Adaptierungsarbeiten, konnte bereits schrittweise der Betrieb im „Moor-und Fichten-Nadelbad Bruckenholz" aufgenommen werden. Juliane Knoll wurde bei ihrem Vorhaben von ihrer Nichte Stephanie Knoll und der Köchin Maria unterstützt. Bald stellte sich der Erfolg des Hauses ein, obwohl die Wirtschaftskrise nach dem verlorenen Krieg und überstandene Epidemien den finanziellen Handlungsspielraum der Menschen auf ein Minimum beschränkt hatten. Gestochen und zubereitet wurde der heilende Torf damals noch auf dem eigenen Grundstück, die verordneten Bäder wurden in Holzwannen genommen. Kurios gestaltete sich die Anreise der Kurgäste, bei der die letzten Kilometer vom Bahnhof Lamprechtshausen zu Fuß

Besuch der Provinzialoberin (2. v. links) der Barmherzigen Schwestern im Jahr 1984 in St. Felix

zurückgelegt werden mussten. Lediglich ihr Gepäck wurde in einem Leiterwagerl von einem stämmigen Bernhardinermischling gezogen. Das dürfte einer wohlhabenden Dame aus Großbritannien, die 1930 mit dem Auto zur Kur anreiste, zu Herzen gegangen sein. Sie ließ der Kurleitung nach der Behandlung kurzerhand ihr Fahrzeug als Geschenk zurück, damit die Kurgäste samt Gepäck standesgemäß mit dem Auto vom Bahnhof abgeholt werden konnten. Juliane Knoll wurde damit zur ersten Autobesitzerin von St. Georgen.

In den 1930er-Jahren, den schweren Zeiten der Wirtschaftskrise, dümpelte der Kurbetrieb immer mehr vor sich hin. Trotzdem konnte sich Juliane Knoll während der Wirren des Zweiten Weltkrieges, in dem die Bevölkerung andere Sorgen hatte, als sich einer Kur zu unterziehen, wirtschaftlich durchschlagen. Sie vermietete ihre Zimmer kurzerhand an Stadter, die ihre durch Bombenabwürfe gefährdeten Wohnungen verließen und vorübergehend aufs Land zogen. Nach dem Kriegsende fehlte im „Moor- und Fichtennadelbad Bruckenholz“ das Geld für eine längst anstehende Sanierung. Die behördlich geforderten

Veränderungen und die hygienischen Auflagen konnten längst nicht mehr erfüllt werden. So musste die Kuranstalt 1951 ihre Pforten für längere Zeit schließen, obwohl an der Weiterführung beziehungsweise an einem Neubau reges Interesse herrschte.

Der Neubeginn

Das Wissen um die heilende Wirkung des Moores in Bruckenholz nahmen böhmische Glasbläser, die früher in Bürmoos arbeiteten, mit nach Hause. Ihre Erzählungen sprachen sich bis in Investorenkreise herum. Einer von ihnen war Professor Otto Stöber, ein aus Mähren stammender Wissenschaftler. Er initiierte bereits 1945 ein Moorforschungsinstitut im oberösterreichischen Neydhartinger Moor. Später setzte Stöber große Anstrengungen daran, in Holzhausen, einem Ortsteil von St. Georgen, eine moderne und umfangreiche Kuranstalt zu errichten. Aber auch sein Projekt scheiterte, weil weder die geforderte Bankgarantie noch die notwendigen Grundankäufe zustande kamen. Allerdings erwarb Stöber nur wenig später das seit 1050 bestehende Bauern-Badl in Neydharting. Hier setzte er sein Vorhaben endlich um, indem er das seiner Meinung nach aufgrund des Huminsäuregehalts unübertreffliche Bruckenholzer Moor aufwändig nach Neydharting transportieren ließ. Über zehn Jahre war das Kurhaus geschlossen und die ohnehin schlechte Bausubstanz wurde in dieser Zeit nicht gerade besser. In der Bevölkerung von Holzhausen erhoffte man sich jedoch nach wie vor die Wiederaufnahme des Kurbetriebs, da sämtliche Ärzte der Region auf die Heilkräfte des Moores schworen. Außerdem erwartete man sich eine wirtschaftliche Stärkung in der Gemeinde.

Felix Bohn, Greißler aus dem nahen Holzhausen, nutzte seine Kontakte zu den Barmherzigen Schwestern des Heiligen Franziskus, in deren Orden seine Schwester kurz davor eingetreten war. Er weckte bald das Interesse der Ordensfrauen an dem stillgelegten Kurhaus. Es dauerte nicht lange und die aus dem mährisch-schlesischen Troppau geflüchteten Ordensschwestern erwarben das Bruckenholzer Moor- und Fichtennadelbad. Ausgestattet mit finanziellen Mitteln der Kirche erneuerten die Schwestern unter der Leitung von Oberin Maximiliane Steffek das Haus und nahmen es 1963 unter dem Namen „Heilmoorbad St. Felix“ wieder in Betrieb. Die ehemalige Kapelle wurde erweitert und dem Namen des Hauses entsprechend dem heiligen Felix geweiht. Verträge mit den Kassen, die eine wirtschaftlich gesunde Betriebsführung ermöglichten, konnten rasch geschlossen werden. Die Mooranwendungen mussten grundsätzlich von einem Kurarzt verordnet werden und waren auch vom Lamprechtshausener Arzt Dr. Huber zu überwachen. Auf Oberin und Moorbadleiterin Maximiliane Steffek folgte 1971 Oberin Odilia Schwan, die auch bald das Kurhaus erweiterte und modernisierte. Das Haus verfügte damals über 30 Betten in Zimmern mit fließendem Wasser. Allerdings waren die Zimmer spartanisch ausgestattet und ausgesprochen klein. Der Heilbetrieb im neuen Haus florierte trotzdem und die Schwestern hatten, dank ihrer professionellen und liebevollen Behandlungsmethoden, dem kleinen Moorbad zu einem hervorragenden Ruf, der weit über die Grenzen hinaus reichte, verholfen. Mit dem Mangel an Nachwuchs und dem hohen Alter der Schwestern war das Ende des „Moorordens" vorgezeichnet. Versahen doch ab 1993 nur mehr drei Schwestern ihren anstrengenden Dienst in dem Haus. Von 1983 bis zum Auszug der Schwestern am 27. Februar 2005 leitete noch Oberin Carola Heinz das Moorbad St. Felix. Dann war das Moorbad wieder einmal verwaist. Nach umfangreichen und ebenso erfolglosen Bemühungen, einen Investor für das Haus zu finden, entschloss man sich in der Gemeinde St. Georgen noch im selben Jahr von einer eigens eingerichteten Betreibergesellschaft das Haus vom Frauenorden zu erwerben.

Das Moorbad wurde renoviert und den behördlichen Auflagen entsprechend adaptiert. Auch den Anforderungen zur Barrierefreiheit wurde Rechnung getragen: Ein Lift wurde eingebaut und bauliche Hindernisse beseitigt. Für einen erhofften Neubau fehlte allerdings das notwendige Kapital, ein Investor konnte zum wiederholten Mal nicht gefunden werden. Heute werden im Moorbad St. Felix – trotz neuerlichem Besitzerwechsel – die Anwendungen nach traditioneller Methode durchgeführt, allerdings nur mehr ambulant. Darüber hinaus bietet man in St. Felix Physiotherapie, Massage und viele andere Gesundheits- und Wohlfühlbehandlungen an. Als weiteres Standbein wurde eine Serie von Pflegekosmetik mit den heilenden Wirkstoffen des Moores entwickelt, die sowohl im hauseigenen Shop als auch in umliegenden Apotheken angeboten werden.

Paracelsus Bad und Kurhaus

Das Paracelsus Bad und Kurhaus in der Stadt Salzburg ist ein Zentrum der Gesundheit und Aktivität mit einem vielfältigen Angebot an Therapie-, Bade- und Saunamöglichkeiten auf 6500 Quadratmetern. Der Bereich „Kur und Therapie" erstreckt sich auf rund 1800 Quadratmetern. Im Kurhaus sorgen medizinische und therapeutische Anwendungen für schonende Unterstützung der Gesundheit. Ein ganzheitlicher Therapieansatz mit ortstypischen Heilmitteln und moderner Schulmedizin bildet die Grundlage für die Anwendungen. Heilmoor ist dabei eine der wirksamsten Formen der naturnahen Schmerzbekämpfung ohne Medikamente. Im Paracelsus Bad und Kurhaus steht seit 200 Jahren das heimische Heilmoor aus Leopoldskron im Zentrum der Behandlungen. Dieses Moor

gilt als das hochwertigste in Österreich. Ganz bestimmte Vorkommen sind aufgrund regelmäßiger Kontrollanalysen besonders gut geeignet und beinhalten ein Höchstmaß an heilenden Substanzen.

Das „Schwarze Gold“ ist zwischen 12 000 und 15 000 Jahre alt und wird seit 1820 für Heilbehandlungen in Salzburg genutzt. Der Torf wird noch heute täglich frisch gestochen und von den Moorbauern ins Kurhaus gebracht. Die erdige Masse wird in der „Moorküche“ zerkleinert und mit Wasser vermengt, um später als Moorbad oder portionsweise als Moorpackung zur Anwendung zu gelangen.

Das „Erfolgsrezept“ des Salzburger Heilmoores, das im Paracelsus Kurhaus eingesetzt wird, besteht in der extrem hohen Wärmebindung des Moores. Diese sorgt für die vermehrte Hautdurchblutung und wirkt erweiternd auf die Herzkranzgefäße. Im Paracelsus Kurhaus stehen zwei Anwendungsformen zur Auswahl: Moorbäder und Moorpackungen. In einem Moorwannenbad gibt der

Moorbrei die Wärme nur langsam an den Körper ab. So kommt eine langsame, aber lang anhaltende Wärmewirkung zustande, die tief in den Körper eindringt. Moorpackungen können gezielt auf bestimmte schmerzende Gelenke und Körperpartien aufgetragen werden. Durch die intensive und hautschonende Wärmewirkung werden Störungen und entzündliche Prozesse auch in tiefer liegenden Gewebeteilen erfasst. Damit werden Schmerzzustände reduziert und Verspannungen gelöst.

Heimische Heilkraft seit 200 Jahren: Die im Heilmoor gelösten Substanzen wirken schmerzlindernd und entgiftend. Die Hitze des Moorbades verstärkt dabei die heilende Wirkung. Neben der Entgiftung und der Mobilisierung der Abwehrkräfte tritt eine Verbesserung der Durchblutung ein.

Physikalische Geschichten übers Moor

Moore galten lange Zeit als unheimlich und von bösen Geistern und Dämonen bewohnt. Das Unbekannte regte in den Köpfen der Menschen allzu sehr die Fantasie an. Seltsame Geschehnisse wurden im Handumdrehen dem Teufel und anderen schaurigen Wesen zugeordnet, ja die Menschen übertrumpften sich gegenseitig mit gruseligen Behauptungen über vermeintliche Erlebnisse. Diese Geschichten, Sagen und Erzählungen waren, wenn auch erfunden, Grund genug für die Menschen, das Moor zu meiden. Der Umstand, dass die sauren Wiesen ohnehin kaum Erträge abwarfen, vermochte die unwirtliche Gegend auch nicht verlockender zu machen. Sicher ist, dass Glaube und Aberglaube die Triebfeder all dieser Ängste waren. So entwickelten sich in jeder Moorregion eigene Sagen und Erzählungen. Oft spielen darin Personen aus der direkten Umgebung eine wesentliche Rolle. Klassiker sind etwa Geschichten aus englischen oder schottischen Mooren, die alleine aufgrund ihres Rufs eine Gänsehaut erzeugen.

Vielfach sind es aber Geschichten, die von unerklärbaren Lichterscheinungen erzählen. Erst viel später verstand man, was die Ursache von derartigen Lichterscheinungen war. 1776 entdeckte der Elektrizitätsforscher Alessandro Volta, dass aus den Sümpfen am Lago Maggiore Gasblasen aufsteigen. Manchmal, so beobachtete er, würden in den Sümpfen nach einem Gewitter Lichter brennen. Offenbar entzünde sich ein leicht brennbares Gas, lautete die Erkenntnis des Physikers. Das Gas wurde damals Sumpf- oder Moorgas genannt. Später fand man heraus, dass das Gas durch Bakterien beim Vergären organischer Substanzen unter Luft- und Lichtabschluss bei günstigen pH- und Temperaturwerten entsteht und dass es sich dabei um Methan handelt. Methangas-Verbindungen können im Moorboden lange gespeichert werden. Da diese Gase unter großem Druck stehen, können sie abrupt entweichen oder als Blasen im Wasser aufsteigen und sich unter besonderen Bedingungen entzünden. Neben Methan kann sich im Moor auch Schwefelwasserstoff oder Phosphorwasserstoff bilden. Wenn Phosphorwasserstoff an die Luft kommt, entzündet er sich ebenfalls von selbst und verbrennt mit einer blauen Flamme. Das ist eine der Erklärungen, wie die Irrlichter entstanden sind. Heute sind solche Lichterscheinungen in unseren Mooren kaum mehr zu beobachten und wenn doch, dann nur mehr in großräumigen, intakten Moorgebieten. Das Moor: eine stille Landschaft und trotzdem aufregend und lebendig!

Schwarze Nudeln und trübes Bier

Das Eintauchen in eine Badewanne voller Moor werden Sie vermutlich bald ausprobieren, zu verlockend klingen die wohltuende Wärme und die gesundheitlichen Vorteile. Aber wissen Sie schon, dass man Moor auch genussvoll trinken und essen kann?

Moor stieß als Lebensmittel bislang auf wenig breite Akzeptanz, obwohl ungewöhnliche Zutaten und Würzungen durchaus im Trend liegen, zum Beispiel exotische Schokoladenvariationen. In Anthering hat man die Idee, mit Moor zu kochen, zu brauen und zu backen, aber ziemlich schmackhaft umgesetzt. Eigentlich gibt es in Anthering ja gar kein Moor. Trotzdem setzen in diesem Ort mehrere Betriebe auf die positive Wirkung dieses schwarzen und überaus gesunden Naturprodukts. Es gibt den innovativen Bäckermeister Christian Schmidhuber, der ausgesprochen saftiges Moorbrot und sogar Mehlspeisen mit Moor bäckt, und die kleine Privatbrauerei Raggei-Bräu, die zu Vollmond Moorbier braut. Seit geraumer

Bäckermeister Christian Schmidhuber bäckt das Moorbrot

Zeit verwendet Gert Seebauer, der Küchenchef des Antheringer Hotels Ammerhauser, Trinkmoor als wertvolle Zutat für allerlei Gerichte. Den Grund für diese gesunde Entwicklung findet man bei dem im Ort beheimateten Unternehmen SonnenMoor: ein Betrieb, der sich seit Jahrzehnten mit der therapeutischen und heilenden Wirkung von Moor beschäftigt. Hier wird neben vielen anderen Produkten die Basis für das Lebensmittel Moor geschaffen.

Viele gesunde Rohstoffe

Dieses Moor ist seit Langem aufgrund seiner Wirkstoffe bekannt, die über all die Jahrtausende bis heute konserviert wurden. Diese sind so wichtige Substanzen wie Kieselsäuren, Enzyme, ätherische Öle, gesättigte und ungesättigte Fettsäuren, Vitamine, Pektine, Harze, Saponine, Gerbstoffe sowie Mineralstoffe (Magnesium, Kalium, Kalzium) und Spurenelemente wie Eisen, Kupfer, Selen, Zink und Molybdän. Hauptbestandteil sind die vielseitigen Huminsäuren, die besonders wohltuend wirken. Diese binden im Darm Gifte wie Aluminium,

oben: Moornudeln mit Spargelgemüse
rechts: Aus der Antheringer Raggei-Brauerei stammt das Moorbier

Schwermetalle, Fluoride sowie andere Toxine und bringen sie zur Ausscheidung. Außerdem sind im Moor seltene Spurenelemente enthalten, die in der heutigen Ernährung häufig fehlen. Alle diese Wirkstoffe gehen auch beim Erhitzen nicht verloren, was beim Kochen und Backen wichtig ist. Außerdem ist das den Speisen zugegebene Trinkmoor nahezu geschmacksneutral. Die Nachfrage nach Moorgerichten ist bei den Gästen in den letzten Jahren gestiegen. Zuerst ist es Neugier, später bestellen die Gäste die Moorspeisen immer öfter aus Überzeugung. Sie wollen sich etwas Gutes tun. Der Trend zu gesunder und immer mehr vegetarischer Ernährung verstärkt die Nachfrage. Da viele von unterschiedlichen Allergien geplagt werden, erhöht auch das den Bedarf an natürlichen Zutaten. So werden die Moornudeln mit Spargelgemüse vom Antheringer Moorbier vollmundig abgerundet. Es sind aber nicht alle Gerichte zur Zubereitung mit Moor geeignet, zumal die dunkle Farbe in manchen Speisen als abschreckend empfunden wird. Allerdings nicht in einem altbekannten Klassiker: Der „Mohr im Hemd“ wurde im Hotelrestaurant Ammerhauser zum „Moor im Hemd“.

MOORGOLD
SonnenMoor
MOOR
GOLD
VOLLMOND-MOORBIER
AUS REINSTEM QUELLWASSER.
ZUR VOLLMONDNACHT GEBRAUT.

Ulrich Metzner
Geschichten, die der Wald schrieb
Von Räubern, Volkshelden und Vogelfreien

Schaurig-schöne Begebenheiten rund um 45 legendäre Gestalten aus den Wäldern Mitteleuropas – vom Harz bis in die Höhen des Osttiroler Pustertals, vom Schwarzwald und den bayerischen Wäldern bis ins Burgenland, vom Spessart bis in die Steiermark!

160 Seiten,
21 x 24 cm, Hardcover
durchgehend farbig bebildert
ISBN 978-3-7025-0830-2, € 25,–

Walter Mooslechner
Gebirgswasser, Schnee und Eis

In seiner ganzen Fülle spiegelt sich in diesem Buch der Gestaltenwandler Wasser wider: Von der Einzigartigkeit jeder Schneeflocke angefangen, über Moore, Brunnen und Wasserfälle, bis hin zu Lawinen und Wasserkraft wird ein Gesamtbild gezeichnet, das uns anschaulich vor Augen führt, wie abwechslungsreich das Wasser im Gebirge auftritt.

192 Seiten
17 x 24 cm, Hardcover
durchgehend farbig bebildert
ISBN 978-3-7025-0955-2, € 25,–

Gertraud Steiner
Wundervolles Wasser
Vom Gesundtrinken, Kurbaden und Freischwimmen

Die Bedrohung der wertvollen Naturressource durch Technik, Kommerz und Massenkonsum hat das Bewusstsein für das einzigartige, geheimnisvolle Lebenselement Wasser, das Element des Reinen und Klaren, neu geweckt. Eine interessante geschichtliche Betrachtung.

224 Seiten
21 x 24 cm, Hardcover
durchgehend farbig bebildert
ISBN 978-3-7025-0675-9, € 14,95

Doris Kern
Aromatischer Wald

Dieses Buch präsentiert eine Fülle an Ideen, wie wir aus den Früchten heimischer Bäume und aus Waldpflanzen Produkte für unsere Gesundheit und unsere Körperpflege herstellen, aber auch schmackhafte Speisen zubereiten können. Altes Wissen wird dabei neu und kreativ interpretiert.

256 Seiten
15,7 x 12 cm, Hardcover mit Stanze
durchgehend farbig bebildert
ISBN 978-3-7025-0989-7, € 22,-

Lesen **Sie uns kennen.**
www.pustet.at

Herzliche Danksagung an:

Land Salzburg, Ing. Bernhard Riehl
SonnenMoor
Kurhaus Salzburg
Moor-Museum Hackenbuch, Ludwig Wolfersberger
Torf-Glas-Ziegel-Museum Bürmoos, Jutta Ramböck
Torferneuerungsverein Bürmoos, Reinhard Kaiser
Torferneuerungsverein Weidmoos, Johann Grießner
Wasenmoos Mittersill, Wolfgang Kunnert
Freunde Ainringer Moos, Gerhard Thiel
Moorführerin Maria Wimmer (www.moor-ausflug.at)

Kurt W. Leininger
1948 in Pressbaum bei Wien geboren. Neben einer Ausbildung zum technischen Zeichner hat er auch die Berufe Offsetdrucker und Fotograf in Wien erlernt. Seit 1974 arbeitet Leininger in Salzburg als Fotograf und seit 1999 auch als Journalist und Buchautor. Bisher hat er neun Bücher publiziert, die sich vorwiegend mit Salzburg-Themen beschäftigen.

TIROL

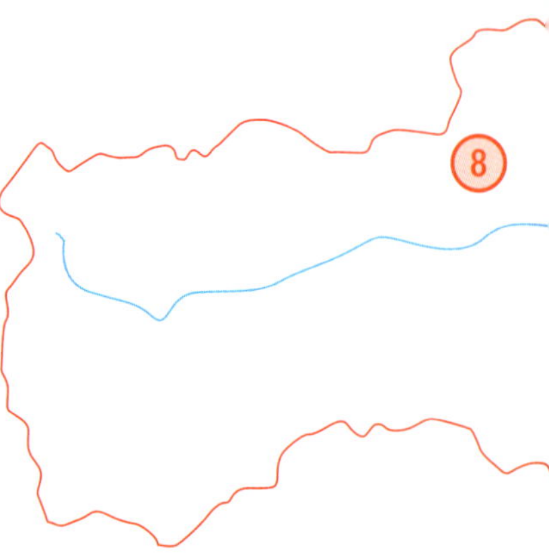

OSTTIROL